U0325001

宁波学术文库

JD58.201504

Zhejiang Yuchang Xiufu Wenti Yanjiu

浙江渔场修复问题研究

刘春香 / 等著

ZHEJIANG UNIVERSITY PRESS
浙江大学出版社

本书作者(按写作顺序排列)：

刘春香　梁　亮　高巧依

余妙宏　唐先锋　龙筱刚

金文姬

目　　录

第一章　浙江渔场修复的理论基础研究

第一节　研究意义与研究目标

"东海鱼仓,中国渔都"历来是浙江的一张金名片。浙江伴海而生、因海而兴,海洋经济、陆域经济对浙江而言犹如鸟之双翼、龙之双眼,加快海洋经济发展事关浙江省未来发展大局。

一、研究意义

浙江是内陆小省,海洋大省,海洋面积是内陆面积的 2 倍多,更是渔业大省,浙江渔场的兴衰事关 120 万渔民的生计及子孙后代的生存与发展,意义重大。

渔业资源作为公共品,具有消费竞争性和非排他性的两大基本特征,这种公共属性,容易带来因负外部性造成的"公地悲剧"。但随着现代化发展,人民生活水平越来越高,对渔业产品的需求量也不断变大,这些因素极大影响了渔业资源与环境。浙江省沿岸海域水体富营养化现象越来越严重,并且赤潮频发,尤其是沿岸海域的一些物种的多样性急剧降低,经济价值大的物种越来越少。例如大黄鱼,1957 年年产量高达 17 万吨,但 2015 年的产量仅 0.28 万吨,是半个多世纪前的 1/60(吴振宇,2015)。沿岸海域水生生物数量变少,许多重要水生经济动物已经形不成鱼汛,物种群落优势种营养级降低,食物链缩短或断裂,食物网碎片化,一些海域呈现出荒漠化特征。总之,生态系统破坏严重。当前东海渔业资源匮乏、捕捞能力过剩、海洋污染形势严峻等问题都冲击着原有的渔业秩序,清理、取缔涉渔"三无"船舶对于缓解海洋捕捞压力、修复渔场、杜绝"公地悲剧"都有重要意义。

近年来,浙江省全省上下打出了转型升级"组合拳",转型升级当然离不开渔业经济。2013 年 4 月,一些媒体进行了关于"东海无鱼"的集中报道,引起了省委、省政府的高度重视。浙江省决定从 2014 年 5 月 28 日起,用三年左右的时间,开展"一打三整治"专项执法行动,以此推动浙江渔场修复。面对东海渔业资源迅速衰退的态势,浙江省委、省政府站在对人民群众、对子孙后代负责的高度,提出了浙江渔场修复振兴这一重大命题,充分体现了把人民对美好生活的向往作为我们奋斗目标的责任担当。

"一打三整治"是指依法打击涉渔"三无"船舶(指用于渔业生产经营活动,无船名号、无船籍港、无船舶证书的船舶)和违反伏休规定等违法生产经营行为,全面开展渔船"船证不符"(指船舶实际主尺度、主机功率等与相应证书记载内容不一致)整治、禁用渔具整治和污染海洋环境行为整治,这是建设海洋经济发展示范区、推动渔业转型发展、促进海洋环境治理的重要抓手,也是转型升级组合拳的重要一招。

因此,为落实党的十八大关于生态文明建设的重要精神,实现《国家海洋事业发展"十二五"规划》在浙江海域落实的要求,以及《浙江海洋经济发展示范区规划》与《浙江舟山群岛新区发展规划》的有关生态文明建设的战略规划实施,为落实《中共浙江省委关于修复振兴浙江渔场的若干意见》的战略决策,鉴于浙江省海洋渔业实行"一打三整治"专项行动与"修复振兴浙江渔场"所面临的严峻形势,在遵循海洋环境容量的基础上,以遵循自然科学发展规律为原则,本著作以浙江省海洋生态与渔业调查研究的数据资料为依据,运用自然科学与社会科学原理,对浙江渔场修复问题进行深入研究,对实现人与自然和谐相处具有重大战略意义。

二、研究目标

浙江省从 2014 年开始在全省范围内开展了以"一打三整治"为主体的渔场修复行动,其中一项重要内容就是清理、取缔涉渔"三无"船舶。而浙江渔场的修复面临着公众意识、管理模式到法律保障等一系列突出问题。

本著作基于浙江"一打三整治"工作,以"浙江渔场修复振兴"为核心内容,系统研究浙江渔场的修复问题,这具有紧迫的现实意义。本著作将积极探索实施海洋渔业可持续发展战略,从长效机制建设、政策创新、工程项目等方面总体一揽子设计,破解现有经营体制、监管体系、公共政策等与生产力发展不相适应的问题,探寻资源、环境、产业、民生统筹协调的浙江渔场修复新路子,努力实现浙江渔场资源可持续利用、渔业可持续发展、渔民可持续增收的目标,并为全国海洋渔业转型发展提供可复制、可推广的经验。本著作也试图寻找制约渔场资源修复的深层次原因,为新形势下更好地理顺管理机制、保障公众利益梳理出一些可行性的建议,为我国渔场修复、渔业船舶管理、渔业资源可持续发展做出一点贡献。这将有效压减严重过剩的海洋捕捞强度,保护海洋生态环境,修复振兴浙江渔场,加快推动浙江省海洋经济的转型发展。

第二节 国内外研究综述

国内外学者对渔场修复问题的相关研究并不多见,研究时间也不长。更多的文献集中于渔民转产转业、渔民社会保障、渔业船舶管理和海洋环境治理等方面。囿于篇幅,这里主要综述渔场修复、渔业船舶管理和渔民转产转业问题的研究现状。

一、渔场与海洋生态环境修复问题的研究现状

学者们大多从单一的海洋生态修复的自然科学或海洋渔业管理的管理学等社会科学角度等开展研究,把海洋生态修复和渔业体制改革有效结合起来。

(一)国外研究概况

对于海洋生态环境修复这一课题,国外有过一些成功的研究和实践。日本采取的管理制度和浙江相似,相关管理部门对渔船的建造、注册与检验等程序都设定了一定规范,并且还施行了捕捞许可配额制度(TAC)以控制捕捞量。韩国采取了较为严格的限定制度,对渔民的数量进行控制,对渔具的最小网目尺寸及可捕捞鱼的尺寸也进行了规定。美国与加拿大则采用发放捕捞执照和许可证书的方式,或者其他的一些特权方式来限制渔业的发展,并且制定相关的法律法规以限定渔船与渔具的准入,与此同时还对航次时间做了限定,规定捕鱼季节、区域和鱼的可捕尺寸等条件,从而确保捕鱼总量能为海洋经济的可持续发展做出一定的贡献。

由于生态环境越来越恶化,并且引发了一系列的问题,英、德、荷、美、澳大利亚等国从20世纪80年代便开始研究各个退化的生态系统应如何恢复与重建,而且还开展了许多工程量十分巨大的生态修复工程,其中包括滩涂、湿地、草地、森林等的生态修复。这方面的主要著作有《受害生态系统的恢复过程》(*The Recovery Process in Damaged Ecosystem*)(Gairns,1980)、《土地的恢复,退化土地和废弃地的改造与生态学》(*The Restoration of Land, the Ecology and Reclamation of Derelict and Degraded Land*)(Bradshaw and Chadwick,1980)。

(二)国内研究概况

刘洪滨等(2007)对中国与韩国渔业管理政策的不同之处进行了比较,指出我国应该实行渔业资源增殖费征收制度和捕捞许可证制度,也提出要求执行捕捞总量配额制度(TAC)、个人捕捞配额制度(IQ)与个别可转让配额制度(ITQ),建议"采用TAC与IQ(或者加上ITQ)制度来管理我国的渔业资源与准确界定范围",可惜至今尚难以实行。

金普庆等(2012)以舟山为例,研究了如何完善渔业补贴政策和如何促进海洋经济的发展,指出了现阶段我国渔业补贴政策存在的合理性和局限性,并且为完善渔业补贴政策提出了一些对策。吴艳芳等(2011)对我国渔业政策转移目标与转移途径等方面进行了研究,指出了我国渔业资源日益衰退的现状和渔业政策实行过程中出现的问题,然后分别介绍了美国、欧盟、韩国等国家和地区的渔业政策的优势和特点,以分析我国目前的渔业政策转移的内容与影响因素为基础,提出了我国渔业政策转移要实现的目标和策略。朱婧等(2012)探讨与研究了我国的油补政策,提出了油补政策的弊端,并提出了改革的必要性与紧迫性。乐家华(2014)对日本渔业柴油补贴各方面进行了研究,以日本渔业生产所需燃油费的成本为切入点,十分详细地分析了日本油补资金的用处与施行的一系列政策,并结合我国油补政策的实际情况作了对比,为我国油补政策的制订提供了好的经验。刘舜斌(2006)对渔业权的定义,渔业的主、客体,渔业权的基本特征及机能等进行了一系列研究,对我国的渔业新分类进行了研究,结合新体系的施行,提出了界定渔民身份和修订现行法律等问题的解决办法。

学者对东海渔场修复的关注始于2013年年初。彭佳学(2014)认为,"东海鱼仓、中国渔都"历来是浙江的一张金名片。面对东海渔业资源迅速衰退的态势,浙江省委、省政府站在对人民群众、对子孙后代负责的高度,提出了浙江渔场修复振兴这一重大命题。

周勇军(2014)研究了温州洞头渔场的修复问题。他认为近年来人类的不合理活动使得洞头渔场资源匮乏,海洋生态环境破坏日益严重,同时海洋经济过于单一化、海洋产业结构不尽合理、基础设施投入相对不足等海洋资源开发问题制约着洞头的海洋渔业发展。该文从洞头海洋渔业现状出发,以发现问题、解决问题的科学方法,提出相应解决措施,积极实现洞头渔场修复再振兴。

余妙宏(2015)认为,"一打三整治"之目标在于浙江渔场的修复与振兴,在"一打"工作全面完成之后,下一步的工作重点在于落实"减船转产",以有效压减海洋捕捞能力。渔业油价补贴政策的负面效应推高了渔船马力指标的价格,从而增加了"减船转产"的难度,使"三整治"措施不能有效地遏制过度捕捞规模。调整渔业油价补贴政策结构、按市场价格出售渔船超标马力、充实海洋捕捞渔民转产转业专项资金,是"减船转产"实现渔业可持续发展的有效手段。

邹吉新、刘雨新等(2015)认为,我国近海的几大渔场,如渤海内的辽东湾渔场、滦河口渔场、渤海湾渔场、莱州湾渔场、烟威渔场、石岛渔场、青海渔场、连青石渔场、海州湾渔场、吕泗渔场、大沙渔场、长江口渔场及舟山渔场等已相继出现主捕水产资源(如对虾、鹰爪虾、大黄鱼、小黄鱼、带鱼、乌贼、银鲳鱼、鳓鱼、鲕、牙鲆、高眼鲽、半滑舌鳎、黄姑鱼、白姑鱼、鮸等)严重衰减,已形不成鱼汛的局面。其原因是多方面的,《中国水生生物资源养护行动纲要》就明确指出:水域污染导致水域生态环境恶化;过度捕捞造成渔业资源衰退;人类活动致使大量水生生物栖息地遭到破坏。具体讲,在水域污染方面,近年来城市化进程、工业废水、城市生活污水以及养殖本身的污染,都对海洋生态环境造成了严重破坏;在过度捕捞方面,由于船只数量增多、功率加大、渔具渔法改进、助渔导航仪器的使用以及现代科技成果的应用,都给海洋资源带来了挑战;在人类活动方面,涉水工程、海洋石油开采、水上交通运输、拦河筑坝以及城市发展中出现的围填海造地等工程建设使水生生物的生存环境不断恶化。

唐先锋(2015)从法律角度研究了"一打三整治"问题。他认为,"一打三整治"专项执法行动基础法律之一的《渔业法》相关内容陈旧且处罚力度过低;相关执法依据本身欠缺合法性而且核心活动执法依据效力层级过低;涉渔刑事追责门槛过高且案件移送难度大。因此,需要与时俱进完善国内渔业立法并加大处罚力度,完善打击涉渔"三无"船舶相关立法使没收处罚合法化,降低非法捕捞水产品罪的入罪门槛并完善移送机制。

李赛忠(2015)以温州涉渔"三无"船舶整治状况和相关数据为基础,通过文献研究、比较分析、问卷调查、基层调研等方法,并参考了国内外相关研究,从公共池塘理论、可持续发展理论的角度对温州涉渔"三无"船舶整治的现状、整治面临的问题进行了专门探讨,并提出了对策,希望在理论和实践上为相关研究提供补充,并在一定程度上为今后做好该项工作提供借鉴。吴军杰(2015)则基于浙江省相关政策的出台,分析了浙江台州五字方针推进渔政执法工作的问题,认为目前台州工作进展顺利。

陈童临(2016)从地理教育工作者的角度,认为保护渔业资源的宣传至关重要。他认为,"世界四大渔场"和"舟山四大渔产"等内容都是学生耳熟能详的地理常识。但近些年来,受过度捕捞以及海洋生态环境破坏等原因的影响,世界四大渔场中的纽芬兰渔场已经不见踪影,而在我国的舟山渔场,四大渔产的鱼汛也一一消失。对于这些受到严重打击的渔场,传统的休渔禁渔补救措施往往收效甚微,"海洋牧场"等力图恢复海洋生态环境的模式也有待检验。而从地理教育工作者的角度出发,除了修订课本、更新信息以外,更应有意识地在教学中渗透认识、利用和保护自然资源的思想,努力使可持续发展的观念深入人心。

张卫(2016)介绍了宁波实施渔场修复行动的具体举措和成效。据该文介绍,2014 年宁波市开始实施浙江渔场修复振兴计划暨开展"一打三整治"行动。为深入展开该项行动,宁波市人民政府办公厅下发了《关于进一步加强幼鱼保护和伏休监管工作的通知》。《通知》明确,将抽调市海洋与渔业局、经信委、公安局、城管局、商务委、市场监管局 6 个部门的人员,成立"一打三整治"联合执法行动小组,全面提升部门协同、联合执法效能,推进"一打三整治"工作持续深入开展。

耿相魁、王兴阳(2016)在阐明舟山"一打三整治"的主要做法及成就的基础上,分析了"一打三整治"遇到的主要困难和问题,并在此基础上,从管理常态化视角提出了建设舟山渔场治理长效机制的对策。

陈波、贺永华(2017)撰文称,2016 年 12 月 23 日上午,《关于加强海洋幼鱼资源保护促进浙江渔场修复振兴的决定》经浙江省十二届人大常委会第三十六次会议表决通过,此举将有助解决浙江省海洋渔业资源保护中存在的困难和问题。

二、渔业船舶管理问题的研究现状

就研究内容而言,国外对渔业管理研究注重渔业权、TAC 制度的执行与配额的流转；国内对涉渔"三无"船舶的研究偏重管理制度的改革。涉渔"三无"船舶的问题也得到了一定的关注，并对涉渔"三无"船舶的形成、危害形成了基本一致的看法，提出了一系列的解决方案，但是各种观点在实践方面缺少佐证，对在涉渔"三无"船舶的治理过程中出现的各种问题缺乏全面认识。

（一）国外研究现状

在渔业管理模式上，国外研究的对象以个人渔业权或配额流转等问题为主。Steffen Hentrich 等（2006）认为，渔业权可灵活转让是一种有效的渔业船舶管理与渔业资源保护的办法，通过灵活的个人渔业权配额管理，欧盟共同渔业政策下的欧洲各国可以有效防止过度捕捞和保护重要经济鱼类资源。Gezelius（2010）描述了在 1990 年代中期，法罗群岛渔业管理面临过度捕捞、无证捕捞等渔业管理问题，以及长时间产能过剩造成渔业经济下行的两大危机，法罗群岛的渔业管理机构对鳕鱼的管理放弃传统的渔业配额制度而转向了另一种渔业管理模式。他们建立了渔业产业结构调整委员会，并实行了两项重要策略，一是严格控制各类捕捞渔船数量。二是实施公共池塘的管理原则：明确个人的渔业捕捞边界；对渔业捕捞的控制符合当地特色，由法罗群岛渔业管理部门和渔民集体进行选择和监督；建立符合当地渔业条件的冲突解决机制；对渔业组织予以认可，并同意其成立分权式企业。

在渔业执法方面，Mattson Niklas S（2006）认为，有效控制渔业捕捞强度才能养护湄公河流域的渔业资源，这需要一个强力的、综合的渔业管理部门并制定合理的渔业政策。朴英爱、李相高（2000）认为在韩国，TAC、总允许渔获量等制度构筑的法律体系能有效防止无证捕捞，韩国在发放捕捞许可证的同时还对捕捞许可证的各项内容进行复核，对捕捞作业情况与许可证载明事项不相符的责任人或者是没有许可证从事捕捞作业的责任人，最高可判处三年有期徒刑并处罚款 200 万至 2000 万韩元。胡学东（2013）在研究公海生物资源管理时提出，非法捕捞造成渔业资源衰退甚至枯竭，降低渔业收入，增大渔业管理监管难度，因为从事非法捕捞可获取巨大的经济利益，合法渔民耗费的捕捞成本远远高于从事非法捕捞的成本，而非法捕捞不受渔获量的限制。

以上文献虽然没有明确指出国外渔船管理是如何整治涉渔"三无"船舶的，但在渔船管理和渔业资源保护、防止过度捕捞等方面都提出了独到见解。总结以上文献可以发现：渔船管理离不开灵活的渔业经济要素流转；小型渔业应当享受政策倾斜与照顾并由渔业社会组织实施一定的渔业权利保障;打击非法捕捞方面应当重视港口、市场等重要环节。

(二)国内研究现状

关于渔业管理制度的研究。周皓明、谢营梁(2005)在研究挪威的渔业管理制度与体系时发现,挪威在调控捕捞能力过剩方面主要采用两种手段:一是配额转移制度,即允许渔民将两艘渔船的渔业捕捞配额合成到一艘船上;二是渔船淘汰计划,从 2003 年 7 月开始由政府提供补偿资金,促使小型渔船(15 米以下)全部退出,从而减少渔船数量。刘佳英、黄硕琳(2005)在研究欧盟渔业政策与渔业管理时认为,西班牙为控制捕捞能力,实施了捕捞天数限制,在欧盟共同水域资源进行捕捞活动时,渔民可以将自己的捕捞天数转移给他人,也可以收购他人的捕捞天数,这种管理模式可以促进捕捞能力向资本与技术集中,减少渔业管理的对象。在小型渔业管理方面,樊旭兵(2009)认为加拿大东北太平洋复兴计划的重要一点就是小型渔业渔民可以将捕捞许可证交易转让后退出。王芸、慕永通(2007)的研究表明,美国为保护一些地区(比如阿拉斯加、阿留申等地)的小型渔业产业会实行社区发展配额(Community-based Catch Quotas, CQ),即将一定的渔业配额交由某渔村或渔业组织,该组织会把非社区成员排除在外,并利用渔业配额致力于改善当地经济条件。陈刚、陈卫忠(2002)认为,美国的社区配额促进社区成员间产生强大凝聚力,并能开展有效合作决策以避免 TAC(TAC 为总允许捕捞量,英文全称为 total allowable catch)导致的竞争捕捞行为。卢宁(2007)认为,要解决渔业领域的负外部性,最佳方式是产权化,有效的产权化能消除竞争性捕捞,并从渔业产权主体、渔业产权有效流转、渔业安全有效时限、总可捕捞量等方面重新设计符合我国特色的渔业制度,可以解决捕捞过度的问题。面对当前渔业管理的局限,有学者提出可以效仿欧美等渔业管理制度,借鉴其经验重新设计符合我国渔业基本特征的新制度。朱玉贵等(2007)认为,当前我国渔业管理主要由捕捞限额制度与捕捞许可证制度组成,同时辅以伏季休渔、禁渔期、禁渔区等制度构成,这些制度在执行上带有明显的命令性与控制性,很难控制捕捞强度,而且并不能完全消除引起捕捞能力过剩的因子,对渔船征收年度一次性资本税,用税制的经济杠杆能消除渔业领域的恶性循环,可能是调节捕捞能力过剩的重要方式。杨正勇(2006)的研究表明,配额制度在我国的实施可能具有很高的交易成本,因此不能照搬国外的配额制度,他进一步提出如果要将配额制度引入我国,应当先在一些大的渔业地区搞试点,若能取得一定的效益,再考虑进行推广,此外我国若实行渔业配额制度首先要鼓励渔民向水产加工、海水养殖、服务产业等领域转产转业,以降低渔民基数。

部分学者对涉渔"三无"船舶的形成原因进行了分析。胡学东(2006)认为,"双控"政策下,新增渔船由于没有功率指标而无法取得渔业捕捞许可证是造成涉渔"三无"船舶数量庞大的主要原因;此外,这些船舶长期游离于渔业管理之外,安全性能差,渔民素养低,安全隐患巨大。杨培举(2006)指出,涉渔"三无"船只过多主要是因为渔业审批部门缺位失职,此外失海渔民得不到国家惠农政策的照顾,地方政府对失海渔民缺少生活救助,他认为应当由政府牵头,多部门共同努力重新规划我国渔船管理和渔业管理。连业江(2005)就山东青岛违规建造渔船进行介绍,并分析认为违规建造是涉渔"三无"形成规模的重要原因。

过度捕捞或涉渔"三无"船舶应当如何整治,一些学者在制度方面进行了研究。孟全(2009)认为现行的渔业政策下(海洋捕捞渔船数量和功率总量控制)捕捞许可证只规定渔业捕捞的方式、方法、时限,却没有明确限制捕捞数量,这导致竞争性捕捞严重影响渔业行政管理,从而提出应当运用经济杠杆来调节捕捞强度和捕捞能力,从控制渔业产出而非渔业要素投入着手,促进渔民转产、渔船分流。许浩(2007)在研究分析了湛江涉渔"三无"船舶的现状及原因后认为,渔船管理的法律建设仍待加强,涉渔"三无"船舶的清理取缔的重点还是抓好渔民管理,用市场和政府两只手齐抓才能改善这种无序状态。刘桂茂(2000)、刘风非(2002)分析我国渔业领域面临的危机,认为在大多数观念落后、经济状况差的地区,一些渔民因为就业途径不多而进入入渔条件不规范的渔业领域从事"三无"捕捞,在这种经济杠杆的影响下,涉渔"三无"船舶进一步泛滥。他们提出,清理取缔现有涉渔"三无"船舶应当注重法律法规建设和各部门之间的沟通。余远安(2009)认为我国渔业管理存在的主要问题是涉渔"三无"船舶、"船证不符"、非法造船等,提出了健全我国渔业管理制度应当坚持以人为本,保护生计性渔业,严格取缔被禁用的渔具渔法,严格实行限额捕捞制度的政策建议。王海峰等(2006)认为我国海洋渔业管理在伏季休渔、"双控"等制度的影响下取得了一定成效,但渔船淘汰、渔民转产转业等降低捕捞能力的手段并不完善。

还有一部分学者从渔船信息化、法制化角度分析了渔船管理。孙庚(2010)认为,信息化、自动化、电子化的渔业管理可以在渔业领域中发挥巨大作用,可以解决我国渔船管理中存在的套牌、船证不符等问题。朱健

(2008),薛学坤、杨波(2010),郭毅(2010)认为,渔船管理中引入信息系统能有效提升渔业管理效率,提升管理水平。刘仕海(2009)认为法制在渔业管理中具有重要作用,并列举了《河北省渔业船舶管理条例》制定前后河北渔业管理发生的巨大变化。刘向东(2005)、李富荣(2009)认为渔船船东法人化将是控制捕捞能力的一种重要方法,但在船东法人化的过程中应当注重提升渔业管理现代化水平,注重渔船管理的针对性。王建廷、窦黑铁(2007)结合当前海洋渔业资源养护实际,认为我国要注重对小型渔船的管理,转产转业和整顿渔业秩序要从小型渔船入手。刘新山、刘国栋(1999)分析指出对涉渔"三无"船舶的处罚力度不大是造成涉渔"三无"船舶增多和失控的主要原因。李焕军(1996)认为加强渔船登记管理可以控制渔船数量,严格取缔被禁用的渔具可以保护渔业资源。

（三）国内外渔船管理研究的简要评述

回顾国内外的相关研究可以发现,我国渔业管理的理论研究和实践都取得了较为喜人的成果。本人认为:涉渔"三无"船舶的存在是由渔民在生产经营中相关配套措施不足所引起的,对于对资源配置处于弱势的沿海渔民来说,从事捕捞作业是解决就业问题的重要途径,因此政府或渔业管理部门治理涉渔"三无"船舶的同时需要制定相应的配套措施,解决渔民的生活发展问题才是根本。

三、渔民转产转业问题的研究现状

日本在第二次世界大战后最初的一段时间里,渔业在解决其国内粮食问题方面起到了非常重要的作用,由于技术革新、产能提高,而渔业资源相对有限,渔业人口过剩一度也成为日本国内最严重的社会问题。在20世纪50年代后,因传统渔民的作业方式敌不过渔业资本家的生产经营,日本出现大量的渔业人口过剩,无鱼可捕的渔民开始转产从事其他行业。近些年来,随着环境污染及渔业环境恶化,渔业从业人员占比不断下降。在韩国,由于渔业捕捞力量的过度投入、滥捕和渔业资源的衰退,韩国自1980年始便渐渐有了渔民的转产,而后随着联合国海洋法公约的生效,200海里专属经济区的建立及韩日、中韩渔业协定的实施,韩国从1994年起从政府层面着手进行渔业经济的结构调整,并开始缩减渔船数量及促使沿海渔民转产转业。日本渔民转产转业主要通过鼓励渔业资本家投入资本建造大型渔船及远洋渔船、吸收零散渔民劳动力进行规模化经营,依靠税收杠杆调高渔民税收,诱导其以自主转产等方式达到失海渔民转产转业目的。韩国渔民转产转业主要通过渔业经济结构调整即依托减船措施,并对减船对象发放补助。减船基本上是以政府为主体进行,分为一般减船和特别减船两种。前者是指因渔监产业内部的需要而进行的渔船缩减,后者是因国家间的渔业协定失去渔场而进行的减船。

渔民转产转业问题一向受到我国相关领域专家学者的关注,多年来取得了丰硕的研究成果。储英奂等(2003)学者认为,渔民转产转业不仅根源于外部条件发生的深刻变化,而且也是与渔业内部长期积累下来的产业结构性矛盾的日益加剧相关联的。另一方面,陆久炎、韩凌志(2003)认为,随着中日、中韩、中越北部湾渔业协定的相继签署、生效,渔业生产海区已大大缩小,致使渔业生产所面临的三大问题——资源问题、成本问题、安全问题日益突出。为缓和上述三大问题,促进渔业可持续发展,国家出台沿海渔民转产转业补助政策,以促进渔民转产转业。

宋立清等(2005)认为,我国沿海渔民转产转业的直接诱因是《中日渔业协定》《中韩渔业协定》和《中越北部湾渔业协定》的签订,导致我国海洋捕捞渔船的作业渔场明显缩小,大批渔船被迫撤出原传统作业渔场;海洋捕捞业渔民转产转业是科技进步的必然结果和鱼类资源枯竭的必然选择;其内在原因是渔业的自由准入机制导致捕捞劳动力的过剩,其核心是产权问题。

吴树敬、林传平(2006)认为,渔民转产转业的难点在于,渔民再就业空间狭窄,尤其是偏远渔区,交通、水电条件差,渔业二、三产业发展缓慢,非渔业的民营优势产业欠发达,渔民的生产方式、生活方式较难改变;从主观因素讲,大多数渔民受教育程度低,技能单一,加上思想保守,靠海吃饭的观念根深蒂固,转产转业意愿仍然不强,缺乏信心;从转产转业的扶持政策来看,买断马力指标、拆解渔船的补助标准偏低。韩兴勇(2006)认为应因地制宜地开展渔民转产转业,具体措施包括发展渔业旅游服务,参与水产品流通服务,开展水产品加工服务等方面。

居占杰、刘兰芬(2009)认为可以通过加大渔民转产转业的政策扶持力度拓宽渔民转产再就业渠道;提高认识,加强培训,提升渔民素质;积极探索渔区社保制度建设;充分发挥渔村集体或渔业经济合作组织的作用等五类措施加快渔民转产转业。赵领娣等(2009)认为可通过实施职业技能培训、促进传统养殖方式的升级、加快渔区城镇化建设来解决渔民劳动力的富余问题。孙鹏(2009)认为可以通过实施政策引导渔民,加大对转产转业工作的扶持力度;加强宣传教育,积极营造转产转业的氛围;突出结构调整,多渠道解决渔民的再就业问题;坚持堵疏结合,强化捕捞管理服务;积极探索渔区社会保障体制建设等五方面解决失海渔民转产转业问题。

程亚峰(2012)认为可以通过加大对转产转业渔民的政策扶持力度;积极发展旅游业和休闲渔业;完善法律制度,创造良好的政策实施环境;落实渔业权,保障渔民权益,建立渔民养老保险制度,推动我国渔民转产就业。

王春蕊(2013)认为应构建联动机制,通过渔港联动发挥港口产业聚集的就业吸纳作用,促进渔民向港区集中。郭宇冈(2014)通过对鄱阳湖天然捕捞渔民的经济行为的调查分析,对渔民转产转业的补偿安置问题提出了有针对性的分析和建议。

甘满堂(2015)认为福建出现了近海渔业资源枯竭、部分渔民失海失业、渔村衰败等现象。渔民的应对措施主要是发展深海养殖与远洋捕捞业、到附近临港工业区就业以及出国发展等。从生态社会建设与可持续发展角度来看,海洋开发需要保护好近海环境资源、维护好渔民权利、促进渔业与渔村的可持续发展。

卢剑峰(2015)在实地调查的基础上,对渔民的社会保障问题进行了专项研究。他认为,妥善解决渔民的社会保障问题,有助于浙江"一打三整治"长效机制建立。目前的挑战与困难之一是如何保障渔民公平享有并实现社会发展权益。文章提出了渔民权益保障的政策建议,并认为这些制度应当在省级层面建立,以保障制度的权威性。

陈佩章(2015)研究了温州涉渔"三无"船舶渔民转产转业问题,认为随着"一打三整治"专项行动的继续深入,越来越多的涉渔"三无"船舶渔民将面临失海、失船、失业。虽然在规定期限内主动上交的"三无"渔船船主获得了一定的转产转业、生活困难补助,但大多数的无船渔民则得不到任何补偿。

综上,目前对渔场修复的直接研究并不多见,对东海(浙江)渔场修复的系统研究则更为少见。因此,本课题将以《中共浙江省委、浙江省人民政府关于修复振兴浙江渔场的若干意见》(浙委发〔2014〕19号)《浙江渔场"一打三整治"专项执法行动实施方案》《浙江省渔业管理条例(2014修正)》和《浙江省渔港渔业船舶管理条例(2014修正)》等政策文件为依据,对浙江渔场的修复问题进行较为系统和全面的分析,以促进浙江省海洋经济的可持续发展,并为相关部门提供决策借鉴。

第三节 浙江渔场修复的相关理论基础

一、渔场修复的相关概念界定

在给读者介绍浙江渔场修复现状之前,有必要将相关概念阐述清楚。囿于篇幅,这里只介绍渔场、渔场修复、渔民渔权与渔业资源等几个概念。

(一)渔场

渔场指的是鱼类或其他具有捕捞价值的水生经济动物密集经过或滞游的水域,是该类动物随产卵繁殖、索饵育肥或越冬适温等对环境条件要求的变化,在一定季节聚集成群游经或滞留于一定水域范围而形成的,在渔业生产上具有捕捞价值的相对集中的场所。

1. 构成渔场的必要条件

渔场往往局限在某一海区的某一水层,甚至局限于某一时期。这种局限性主要取决于鱼群的密集程度、持续时间的长短,以及鱼类(水生经济动物)的生物学特性和生态习性及环境条件的变化。因此,构成渔场必须要具备以下几个条件。

(1)要有大量鱼群洄游经过或集群栖息

海洋渔业生产的主要捕捞对象是那些在进行洄游、繁殖、索饵或越冬等活动的鱼类或其他水生经济动物的密集群体,特别是繁殖群体,密度大且稳定,而且多数鱼群是以同一体长组或同一年龄组进行集群的,如鲑鳟鱼类。因此,在进行捕捞作业时,如果对达不到捕捞规格的对象(如低龄或性未成熟的幼鱼)进行酷捕,则必然得不偿失,严重影响来年的资源量,甚至能导致渔业资源的衰退,后患无穷。

(2)要有适宜的鱼类集群和栖息的环境条件

如果某一海区的某一时期具有适宜鱼类和其他水生经济动物进行洄游、繁殖、索饵和越冬的外界环境条件(包括生物和非生物条件),它们就可以集群或栖息在一起,从而为渔场的形成创造条件。生物条件是指饵料生物和共栖生物以及其他各种生物的种间关系。非生物条件是指海流、水系、水温、盐度、水深、底质、地貌和气象等,在外界环境因素中,特别是海洋环境因素,有着更为重要的作用。海洋水温状况的变化和水生经济动物的洄游分布与集散有着极为密切的关系,而水生经济动物在不同的生活阶段对其周围的环境条件有着不同的要求,因此海洋环境条件是形成渔场的重要条件,而在海洋环境条件中,水温和饵料生物为最重要的因子。

2. 渔场的划分

由于渔场的形成是海洋环境与鱼类生物学特性之间对立统一的结果,同时渔场的渔业资源极为丰富、种类繁多,所以人们根据实际生产与管理的需要划分渔场。渔场划分的方式多种多样,一般根据渔场离渔业基地的远近和渔业水深、地理位置、环境因素、鱼类不同生活阶段的栖息分布、作业方式及捕捞对象等进行划分。

(1)根据离渔业基地的远近和渔场水深划分

①沿岸渔场:一般分布在靠近海岸,且水深在 30 米以下的渔场。②近海渔场:一般分布在离岸不远,且水深在 30～100 米的渔场。③外海渔场:一般分布在离岸较远,且水深在 100～200 米的渔场。④深海渔场:分布在水深 200 米以上水域的渔场。⑤远洋渔场:是指分布在超出大陆架范围的大洋水域,或离本国基地甚远且跨越大洋在另一大陆架水域作业的渔场。

(2)根据地理位置的不同划分

①港湾渔场:分布在近陆地的港湾内的渔场。②河口渔场:分布在河口附近的渔场。③大陆架渔场:分布在大陆架范围内的渔场。④礁堆渔场:分布在海洋礁堆附近的渔场。⑤极地渔场:分布在两极海域圈之内的渔场。⑥按具体地理名称命名的渔场:如烟威渔场是指分布在烟台、威海附近海域的渔场,舟山渔场是指分布在舟山附近海域的渔场,北部湾渔场是指分布在北部湾海域的渔场等。

(3)根据海洋学条件的不同划分

①流界渔场:分布在两种不同水系交汇区附近的渔场。②上升流渔场:分布在上升流水域的渔场。③涡流渔场:分布在涡流附近水域的渔场。

(4)根据鱼类生活阶段的不同划分

①产卵渔场:分布在鱼类产卵场海域的渔场。②索饵渔场:分布在鱼类索饵场海域的渔场。③越冬渔场:分布在鱼类越冬场海域的渔场。

(5)根据作业方式的不同划分

①拖网渔场:使用拖网作业的渔场。②围网渔场:使用围网作业的渔场。③刺网渔场:使用刺网作业的渔场。④钓渔场:使用钓具作业的渔场。⑤定置渔场:使用定置渔具作业的渔场。

(6)根据捕捞对象的不同划分

①带鱼渔场：以捕获带鱼为主的渔场。②大黄鱼渔场：以捕获大黄鱼为主的渔场。③金枪鱼渔场：以捕获金枪鱼为主的渔场。④柔鱼渔场：以捕获柔鱼为目标鱼种的渔场。

（7）根据作业海域、捕捞对象和作业方式等分类

①北太平洋柔鱼钓渔场：在北太平洋利用钓捕作业方式捕捞柔鱼的渔场。②长江口带鱼拖网渔场：在长江口利用拖网作业方式捕捞带鱼的渔场。③大西洋金枪鱼延绳钓渔场：在大西洋利用延绳钓作业方式捕捞金枪鱼的渔场。

（二）"渔民"与"渔权"

"渔民"，顾名思义，以"渔"为生的农民。截至目前，我国在法律上并未对"渔民"进行定义，渔业直接归于大农业范畴。赵万忠（2008）先生认为，渔民可以分为以下三种：①纯渔民，即那些没有土地，长期以水（海）域渔业资源为生，靠海吃海的渔民。②半农半渔民，即那些靠水（海）居住，有一些土地，但不足以支撑生存，还需依靠水（海）域资源才能生存的渔民。③非纯渔民，即陆地上有足够的土地来支撑生存，与此同时又从事渔业生产进行盈利的渔民（赵万忠，2008）。

"渔权"又称"渔业权"，对于其概念学者们有不同的说法。有人把渔业权定义为依法在特定的水（海）域从事渔业生产活动的权利；有人认为渔业权指自然人、法人或者其他组织按照法律规定在一定水（海）域从事养殖或者捕捞水生动植物的权利；还有人认为渔业权指公民、法人或者其他组织按照法律规定，得以在渔业水（海）域采集、捕捞与养殖水生动植物的排他性权利。刘舜斌（2006）认为，渔业权指法律赋予渔民或者渔民团体在一定水（海）域从事养殖或者捕捞的物权性权利。笔者比较趋向于刘舜斌对渔业权进行的定义，其他说法有一个相同的弊端：没有较准确地规范渔业权主体，或者并未考虑到渔业权主体，几乎都把渔业权主体定义为自然人、法人或者其他组织。

（三）渔业资源

渔业资源（fishery resources）是指天然水域中具有开发利用价值的鱼、甲壳类、贝、藻和海兽类等经济动植物的总体，是渔业生产的自然源泉和基础，又称水产资源。按水域标准，可以分为内陆水域渔业资源和海洋渔业资源两大类。其中鱼类资源占主要地位，约有2万多种，估计可捕量0.7亿～1.15亿吨。海洋渔业资源（不包括南极磷虾）蕴藏量估计达10亿～20亿吨。

(四)渔业资源调查

渔业资源调查是指对水域中水生经济动物个体或群体的繁殖、生长、死亡、洄游、分布、数量、栖息环境、开发利用的前景和手段等进行调查,是发展渔业和对渔业资源管理的基础性工作。

渔业资源调查通常分为管理性调查和开发性调查两类。前者针对已开发的渔场进行,旨在合理利用渔业资源以取得最大的合理的持续产量。后者是针对未开发的水域进行的,旨在探明新的捕捞对象和相应的开发手段。调查后应提供的资料包括:①特定水域范围内的可捕鱼类和其他水生经济动物的种群组成;②种群在水域分布的时间和位置;③可供捕捞种群的数量或已开发程度;④进行开发的适宜技术和手段;⑤必要的投产方式以及合理发展生产的建议;⑥恢复和合理利用已过度开发资源的意见等。渔业资源调查的质量有赖于大量的海洋调查资料,以提供有关世界各大洋环流和生物分布的范围,如大陆架、公海的鱼类密集分布区往往和不同海流的交汇区、涌升流域表层的辐合区密切相关;近海、河口区域的鱼类同样和交汇区、河川径流有关等。因此,对海洋学、水文学资料的分析是渔业资源调查的一个重要方面。

(五)渔业资源开发

已开发利用的渔业资源中,70%直接供应人们食用,如鲜品、冻品、罐藏以及盐渍、干制等加工品;30%加工成饲料鱼粉、工业鱼油、药用鱼肝油等综合产品。

在渔业资源开发利用程度上可分为:①利用枯竭。即在相当长时期内资源量难以恢复到正常水平。②过度利用。即资源已衰退,但只要采取保护措施,尚能恢复。③充分利用。即能适应资源自然更新能力,保持最适持续产量。④未充分利用。即资源利用尚有潜力。中国东南濒临大海,海域辽阔,海岸线长,内陆水域网络纵横,渔业资源丰富,品种繁多,已知海、淡水鱼3000多种,常见经济种类有150多种,所以渔业资源潜力依然巨大。

(六)渔业资源管理

渔业资源管理是指为维护渔业资源的再生产能力和取得最适持续渔获量而采取的各项措施和方法。维持再生产能力是指维持水生经济动物基本的生态过程、生命维持系统和遗传的多样性,其目的是为保证人类对生态系统和生物物种的最大限度的持续利用,使天然水域能为人类长久地提供大量的经济水产品。

　　渔业资源的管理措施大致有 6 项：①规定禁渔区和禁渔期。根据渔获对象的各个生活阶段及产卵场、越冬场和幼鱼发育的具体情况，规定禁渔区或禁渔期或保护区，目的是保护亲鱼的正常繁殖和稚鱼、幼鱼的索饵生长，保护鱼类顺利越冬。②规定禁用渔具和渔法。凡严重损害鱼卵、幼鱼或会引起渔获群体大量死亡的渔具渔法，都会破坏渔业资源，因此必须有计划有步骤地禁止使用或淘汰。③限制网目尺寸。渔具的网目过大过小都不利于渔业生产和渔业资源的保护。使用网目适当的渔具时，渔获物中成鱼的比例高、杂鱼少、渔获物损失也小，经济效益随之提高。因此，要根据各种鱼体形状和大小确定合适的网目尺寸。④控制渔获物最小体长。这是控制被捕捞群体再生产能力的重要手段。规定捕捞长度的目的在于保护将达性成熟的个体，保障生殖群体有必要的补充量，保障被捕捞群体逐年提高和稳定产量。⑤限制捕捞力量。包括限制许可船数、吨位、马力、渔具数量和捕捞力量等，常用渔场滞在天数、作业天数、拖网次数和时间等指标来衡量。⑥限制渔获量。国际渔业条约往往以最大持续产量为标准规定允许渔获量，然后对有关国家进行配额。这种措施可直接控制捕捞死亡量，是资源管理的重要手段。

（七）渔业资源增殖

　　渔业资源增殖是用人工方法直接增加水域生物种群的数量或移入新的种群，以提高水产资源的数量和质量的措施。广义的渔业资源增殖也包括某些间接增加水域种群资源量的措施。常用的渔业资源增殖的方法有：①人工放流。即将一定规格和数量的用人工繁殖培育的苗种，选择在环境条件适宜、敌害少和饵料丰富的水域放流，以补充和增加水域的自然资源量。②移植驯化。即将新的水产资源生物种群移入一定水域，使其适应新的环境自然定居繁殖，形成新的有捕捞价值的种群。③改善水域环境。包括为鱼类产卵提供条件，兴建过鱼设施，以维持洄游性鱼类的洄游通路等。

（八）渔业船舶

　　渔业船舶是现代渔业管理中对所有渔船的泛称。狭义的渔业船舶，是指传统意义上的捕捞渔船，仅指利用渔具捕捞鱼类或其他水生动植物的船舶。随着渔业生产的不断发展、渔业船舶分工的不断细化，其内涵也在不断发展。广义的渔业船舶是指从事渔业生产，为渔业生产、科研和管理服务的船舶的总称。

　　《中华人民共和国渔港水域交通安全管理条例》第四条、《中华人民共和国渔业船舶登记办法》第四十条均对渔业船舶作了如下定义:渔业船舶是指从事渔业生产的船舶,以及属于水产系统为渔业生产服务的船舶,包括捕捞船、养殖船、水产运销船、冷藏加工船、油船、供应船、渔业指导船、科研调查船、教学实习船、渔港工程船、拖轮、交通船、驳船、渔政船和渔监船。

渔业船舶的分类方法有很多,但一般情况下按以下方式分类:按船舶功能分类;按船体材质分类;按船舶尺度大小分类;按作业水域分类。其中,按船舶大小和作业水域分类主要是因管理需求进行的分类。

按渔业船舶功能分类,可以分为捕捞渔船、水产养殖渔船、渔业辅助船三类。捕捞渔船按作业水域不同又可分成海洋捕捞渔船和内陆捕捞渔船。捕捞渔船还可分为:①拖网渔船(trawler),可分单拖和双拖、底拖和中层拖、近海拖和远洋拖、舷拖和尾拖等;②围网渔船(purse seiner),可分单船和双船围网渔船;③流网渔船(drifter),亦称流刺网;④延绳钓渔船(long line fishing boat),延绳钓是由几公里长的干绳接上很多带有钓钩的支绳组成;⑤竿钓渔船(pole fishing boat),可分近海(40~100 总吨)和远洋(200~500 总吨)渔船。渔业辅助船主要有渔获物运输船、渔业行政执法船、渔业调查船、渔业实习船以及休闲渔船等。

按渔业船舶材质分类,可分为钢质渔船、木质渔船、玻璃钢渔船、钢木混合渔船、钢丝网水泥渔船以及其他材质渔船。

根据船长或主机功率的大小,渔业船舶可分为大型渔船、中型渔船和小型渔船。根据船长对渔船进行分类是国际渔船管理中最普遍的做法。一般情况下,船长<12 米的为小型渔船;船长≥24 米的为大型渔船;船长介于12~24 米的为中型渔船。以渔船主机功率为主对渔船进行分类,是我国渔船管理中对海洋捕捞渔船分类的主要做法。在我国,主机功率≥44.1 千瓦的为大型海洋捕捞渔船;主机功率<44.1 千瓦且船长<12 米的为小型海洋捕捞渔船;介于上述两者之间的为中型海洋捕捞渔船。

(九)涉渔"三无"船舶

《关于清理、取缔"三无"船舶的通告》(1994 年由农业部、公安部、交通部、工商管理总局、海关总署五个机构联合发文),以及 2014 年《中共浙江省委浙江省人民政府关于修复振兴浙江渔场的若干意见》明确指出,涉渔"三无"船舶是指无船名号、无船舶证书、无船籍港的涉渔船舶。

此外,浙江省还明确了涉渔"三无"船舶的几种类型:非法用于渔业生产经营活动的、无船名号(船名号自行涂刷无效)、无渔业船舶证书、无船籍港

（船籍港自行涂刷无效）的船舶,套用合法有效渔船证书、未履行审批手续、擅自建(改)造后用于渔业生产经营活动的"套牌"渔船或"克隆"渔船,渔运船从事非法捕捞的,视作涉渔"三无"船舶。

（十）渔船"双控"制度

我国为减轻海洋捕捞强度,降低捕捞能力,促进海洋渔业资源可持续开发,于 1987 年起实施了控制海洋捕捞渔船数量和控制海洋捕捞渔船功率总量的"双控"制度。

在农业部《关于 2003—2010 年海洋捕捞渔船控制制度实施意见》中我们可以发现,经过各级渔业管理部门多年的努力,海洋捕捞渔船的数量和海洋捕捞渔船的功率总量得到了有效控制,农业部也由"双控"政策建立起船网工具指标—渔业船舶初次检验—渔业船舶登记—发放渔业捕捞许可证的一系列渔业船舶管理制度并在渔业船舶建造、交易等环节进行调节;"双控"制度下,渔业捕捞强度确实得到了一定程度的控制,渔业产业结构也顺势得到调整,同时提升了渔船管理水平,有效推进了渔业经济的可持续发展。但是"双控"制度也不尽完美,有学者研究认为除纳入全国海洋捕捞渔船数据库管理的合法渔船,在海洋捕捞渔船"双控"制度之外,一些地区还存在大量"三无""三证不齐"或未纳入"双控"指标管理的渔船。这些渔船,实际上就是本著作所指的涉渔"三无"船舶。当前,我国海洋捕捞能力依然过剩,捕捞强度远远大于渔业资源承受范围,渔业资源可持续发展仍然受到严峻挑战,消除捕捞能力过剩,促进海洋渔业的可持续健康发展仍然任重道远。

二、渔场修复的相关理论

渔场修复的相关理论主要有三种:公地悲剧理论、公共池塘资源理论和可持续发展理论。

（一）公地悲剧理论

公地悲剧是生物学家哈丁（Garrett Hardin）于 1968 年提出的。1968年,哈丁在《科学》杂志发表了著名的题为"公地的悲剧"的论文。在这篇文章中,美国学者哈丁虚拟了一个公地牧民牧羊的场景:在公共的草原上,一群牧民在共同牧羊。该草原的羊群数量已经超过了草原的负荷,增加羊的数量将很可能导致草原退化;但是牧民多养羊就能增加自己的个人收益,如果从利己的角度出发,每位牧民都应该增加羊的数量,因为草原是大家的,而羊群带来的收益是自己的。当每个牧民的这种利己思维付诸行动时,"公地悲剧"便上演了——草原会因为恶性循环遭到严重破坏导致无法再牧羊,进而导致所有牧民不得不破产。

哈丁认为,这种悲剧的诞生是因为每个人的理性导致了整体的非理性,他认为这种自由使用的公地或公共资源因为产权不明晰,使用者的使用成本由群体承担,从而导致公共资源过度消费。解决"公地悲剧"的方法有两种,一是利用强力的权力机构限制个人对公共资源的无限制使用;二是具有奖惩效应的道德约束。

公地作为一项资源或财产有许多拥有者,他们中的每一个都有使用权,但没有权利阻止其他人使用,而每一个人都倾向于过度使用,从而造成资源的枯竭。过度砍伐的森林、过度捕捞的渔业资源及污染严重的河流和空气,都是"公地悲剧"的典型例子。之所以叫悲剧,是因为每个当事人都知道资源将由于过度使用而枯竭,但每个人对阻止事态的继续恶化都感到无能为力,而且都抱着"及时捞一把"的心态加剧事态的恶化。公共物品因产权难以界定而被竞争性地过度使用或侵占是必然的结果。这概念经常运用在区域经济学、跨边界资源管理等学术领域。

公地悲剧揭示了公有(共)产权制度下的必然产物。产权制度的主要作用在于使财产所有者有动力关心财产的使用和增值,使所有者的努力程度与财产收益呈正相关,从而使其有动力工作,公共(有)产权做不到这一点。公共产权下单个所有者的行为结果基本上都是外部性的。所有权程度过低、代理机构与所有者目标的矛盾等,这些弊端几乎存在于所有存在公有产权的领域,从而引发一系列问题,如我国政府机构(包括教育等公共部门)的能源浪费,以及环境污染等。

将这一命题推而广之,可描述为以下两点:其一,多个经济单位乃至整个社会共同占有某一稀缺的公共资源,具有经营权的经济主体及具有支配权的个体,可从公共资源的利用中获得收益,但却不必支付相应的成本,由此导致每个理性经济人都有足够的动力来无限使用相对稀缺的公共资源,最终使整个社会蒙受损失。其二,公共资源的产权明晰与实际使用中的产权模糊的不对称性,使公共资源常处于一种无人为之负责同时又任人攫取的悲惨境地。

如果说外部性问题仅仅是对环境问题产生根源的经济学解读的话,那么公地悲剧则是对环境问题展开深入分析的理论模型。外部性问题强调的是个人成本、收益与社会成本、收益之间的不平衡;公地悲剧则是强调这种不平衡之所以产生的深刻根源——公共物品的产权不明晰。清晰界定的产权能够提供充分的激励刺激产权人实现资源的效益最大化和持续利用,这种激励主要是产权的排他性、独占性所赋予的。但由于环境资源具有"消费的非排他性""非竞争性"以及"供给的不可分性"等公共物品特性,无法由权利人排他占有和使用,产权的激励作用无从发挥,从而造成人人使用,人人不负责的状况,导致"公地悲剧"的产生。

在现代社会,经济发展问题与环境保护问题对立统一,不仅在产生根源上具有因果关系,在解决上也存在共性,其核心要素在于产权。界定清楚、保障有力的产权制度,能够使经济发展与环境保护相得益彰;而界定不清、保障不力的产权制度,既不利于经济的健康、持续发展,又会造成资源浪费与环境破坏。

产权不仅承担着提供激励、刺激经济发展的功能,还肩负着保护环境、维持生态平衡的使命,是实现经济可持续发展的根本。建立有效的环境资源产权制度,明晰环境资源的权利归属是避免公地悲剧的基本手段。

在渔业经济领域,我们可以发现渔业资源是一种流动性共有资源(common-pool resources),即一种典型的公地资源。渔业资源过度利用的"公地悲剧"是因为渔民发现渔业捕捞是有利可图的,且提高捕捞强度成本并不高;而这种大规模竞争性捕掠捕捞,源于渔业资源私益性的刺激。"公地悲剧"危机下的渔业资源受到严重挑战并极速衰退,严重破坏渔业资源可持续利用的水平。当渔业资源的利用程度无限制地增加,渔业生态系统及渔业经济活动必然走向衰退甚至可能崩溃。我国《渔业法》规定的渔业制度主要由捕捞许可证制度和捕捞限额制度构成,在这种管理模式下,渔业资源使用主体数量巨大,在其间达成合作和协作利用资源的成本同样巨大,很难达成预期的有效的合作管理。减少这些非合作博弈的经济个体数量应该以一定区域为单位组建渔业社会组织。以日本等国外实践来看,渔业合作经济组织的组建和运行,可增强渔业生产主体的自主管理意识,主动参加与自身相关的渔业管理。

(二)公共池塘资源理论

公共池塘资源指的是一个自然的或人造的资源系统,这个系统大得足以使排斥因使用资源而获取收益的潜在受益者的成本很高(但并不是不可能排除)。其具体的资源规模和形态不一,从小区域的公共草场、内河灌渠、近海渔场到跨区域的地下水资源,以至跨国度的巨型海洋和生物圈等。公共池塘资源具有非排他性和竞争性的特点。

经济学著作中最早涉及公共池塘资源问题的是 H. 斯科特·戈登在

1954年发表的论文,该论文研究的是公海捕鱼问题,明确阐述了公共财产会被不计后果地使用的逻辑。继戈登之后,加勒特·哈丁于1968年在《科学》杂志上发表了包含"公地悲剧"一词的经典文章,哈丁的"公地悲剧"使"公共财产"一词受到了人们广泛的关注,引起了人们对公共池塘资源悲剧性结果的研究兴趣。此后,出现了越来越多的关于公共池塘资源、产权和资源退化等问题的争论。但无论如何争辩,对公共池塘资源治理问题的讨论始终围绕着采用何种产权形式——公共产权还是私有产权——配置资源来进行,直到埃莉诺·奥斯特罗姆跳出公有和私有的藩篱,进而提出使用资源者自主治理的解决方案,关于公共池塘资源的"公地悲剧"问题的理论和实践探讨才进入了一个新的阶段。

美国著名政治经济学家埃莉诺·奥斯特罗姆就如何有效开展公共事务的治理提出了公共池塘资源理论。她认为,虽然有许多"公地悲剧"存在,公共所有或私有并不是所有"草原"的表现形式,而公共池塘资源理论是基于人类在处理"公地悲剧"时的能力局限而发展出来的公共事务治理理论。

公共事务治理是人们在涉及公共利益的一些事务上通过合作商议共同做出的议定。公共管理部门要对议定进行规范,以规章或制度的方式确定下来,形成一种约定的规范或机制,从而更好地平衡各方的利益。这个理论的核心:应当抛开简单的政府、市场或"有私有特征""有公共特征"的分类,找到一个混合的、居于两者之间的中间治理模式来解决公共资源问题,这种治理模式不存在完全的私有特征或公有特征。

在公共池塘理论的模型中,公共池塘资源是稀缺的、可再生的,且资源使用者能够相互影响,这个模型中的使用者不能仅仅考虑自身的利益,同时要兼顾他人,因为他的行为将给其他人带来一定的共同影响。带有单一私益性的行为将会严重影响模型的平衡甚至摧毁整个公共池塘资源。因此公共池塘理论认为,公共池塘的使用者首先要考虑的是将所有使用者组织起来,要协调所有使用者的独立行为,并通过这样的集团组织行为解决公共资源问趣,而非武断地国有化或私有化。例如在阿兰亚近海渔场(土耳其)的公共治理中,管理者采用了渔业社会组织结合捕捞点分配的方式进行渔业管理,取得了良好的成效。有学者在研究阿兰亚近海渔场的管理时,发现该渔场管理没有纯粹的国有化或私有化痕迹,这种治理模式走的是政府和市场中间的一条路线。这个实践生动诠释了埃莉诺·奥斯特罗姆的治理理念:公共事务治理的方式不仅仅只有国有化或私有化,还可以通过组织行为有效解决这个困境。

因此公共池塘理论没有一成不变的管理模式,它需要找到集体行动的契合点,但通过对公共事务治理成功案例的比较,埃莉诺·奥斯特罗姆教授认为有效的公共池塘资源使用者组织需要明确三个方面的问题,即新制度下的受益问题、组织内的监督问题、组织的承诺问题。她认为明确制度能让组织内的更多的人受益,让单一的个人不再单独行动,而是通过协作沟通达到一个均衡的局面。

公共池塘下的制度告诉参与者哪些行动是可以去做的、哪些是不行的,以及人们遵循制度可以得到的回报。而且这种制度应当被每个参与者所熟知,并保证这个制度得到长期有效的遵守,这需要参与者相互之间具有可信的承诺并相互监督。

公共池塘理论归纳出设计原则:清晰界定边界,占用和供应规则符合当地条件,集体选择的监督、分级制裁,冲突解决机制,受认可的组织权与分权制企业。应用在渔业领域,也就是说:渔业管理应当成立由渔业从业者组成的合作组织,并建立解决冲突的机制;合作组织中可以明确成员的数量和资源所有权;建立相关的监督机制。

(三)可持续发展理论

可持续发展(sustainable development)是 20 世纪 80 年代提出的一个新概念。1987 年,由挪威前首相布伦特兰夫人任主席的"世界环境与发展委员会"向联大提交了研究报告《我们共同的未来》(Our Common Future)。报告将注意力集中在人口、粮食、物种和遗传、资源、能源、工业和人类居住等方面,并提出了"可持续发展"的概念。她把环境保护与人类发展切实结合起来,实现了人类有关环境与发展思想的重要飞跃,并得到了国际社会的广泛共识。

可持续发展是指既满足现代人的需求又不损害后代人满足需求的能力的发展。1992 年,联合国环境与发展大会进一步定义了可持续发展:"人类应享有与自然和谐的生活方式以及过健康而富有成果的生活的权利,并公平地满足今后世代在发展和环境方面的需要,求取发展的权利必须实现。"换句话说,就是指经济、社会、资源和环境保护协调发展,它们是一个密不可分的系统,既要达到发展经济的目的,又要保护好人类赖以生存的大气、淡水、海洋、土地和森林等自然资源和环境,使子孙后代能够永续发展和安居乐业。可持续发展强调社会、经济、资源和环境保护协调统一发展,发展经济的同时不能以损害人类赖以生存的自然资源和环境为代价,特别强调经济发展应当限制在环境承受能力以内。

中国共产党和中国政府对这一问题也极为关注。1991年,中国发起并召开了"发展中国家环境与发展部长级会议",发表了《北京宣言》。1992年6月,在里约热内卢世界首脑会议上,中国政府庄严签署了《环境与发展宣言》。1994年3月25日,中华人民共和国国务院通过了《中国21世纪议程》。为了支持《议程》的实施,同时还制订了《中国21世纪议程优先项目计划》。1995年,中华人民共和国党中央、国务院把可持续发展作为国家的基本战略,号召全国人民积极参与这一伟大实践。人类在向自然界索取、创造富裕生活的同时,不能以牺牲人类自身生存环境作为代价。为了人类自身,为了子孙后代的生存,通过许许多多的曲折和磨难,人类终于从环境与发展相对立的观念中醒悟过来,认识到两者协调统一的可能性、终于认识到"只有一个地球",人类必须爱护地球,共同关心和解决全球性的环境问题,并开创了一条人类通向未来的新的发展之路——可持续发展之路。

可持续发展所要解决的核心问题有:人口问题、资源问题、环境问题与发展问题。简称PRED问题。可持续发展的核心思想是,人类应协调人口、资源、环境和发展之间的相互关系,在不损害他人和后代利益的前提下追求发展。可持续发展的目的是保证世界上所有的国家、地区、个人拥有平等的发展机会,保证我们的子孙后代同样拥有发展的条件和机会。它的要求是,人与自然和谐相处,认识到对自然、社会和子孙后代的应负的责任,并有与之相应的道德水准。

为了可持续发展,人类必须依照下列原则来使用各种自然资源:①满足全体人民的基本需要(粮食、衣服、住房、就业等)和给全体人民机会,以满足他们要求较好生活的愿望;②人口发展要与生态系统变化着的生产潜力相协调;③像森林和鱼类这样的可再生资源,其利用率必须在再生和自然增长的限度内,使其不会耗竭;④像矿物燃料和矿物这样的不可再生资源,其消耗的速率应考虑资源的有限性,以确保在得到可接受的替代物之前,资源不会枯竭;⑤不应当危害支持地球生命的自然系统,如大气、水、土壤和生物,要把对大气质量、水和其他自然因素的不利影响减少到最小程度;⑥物种的丧失会大大地限制后代人的选择机会,所以可持续发展要求保护好物种。环境与发展是不可分割的,它们相互依存,密切相关。可持续发展的战略思想已成为当代环境与发展关系中的主导潮流,作为一种新的观念和发展道路被人们广泛接受。

发展是可持续发展的核心,但经济和社会的发展要保持在资源永续利用和环境不受损害的前提下,也就是"决不能吃祖宗饭,断子孙路"。可持续发展是人类长期发展的模式,经济增长必须以资源的可持续利用为基础,不能超越环境和自然资源的承载能力,否则,必然导致资源退化。

　　渔业资源的可持续发展就是在渔业资源和渔业环境承载的范围内,使渔业资源可持续产量最大化,实质是实现渔业资源、渔业环境与社会经济发展之间的和谐与平衡。渔业资源可持续发展的核心也是谋求实现最佳的渔业经济效益,这是海洋渔业可持续发展的发展目标。但前提是维持渔业水域自然生态系统平衡和渔业资源永续利用。

第二章　浙江渔场发展现状与修复的必要性研究

第一节　浙江渔场的发展现状

一、浙江渔场资源现状

浙江省海域位于亚热带季风气候带,温暖湿润,热量丰富,雨量充沛,生物生产量大。多支水流交汇,带来大量的饵料;沿岸海流与台湾暖流交汇,使得近海盐度低且季节变化大,营养盐丰富,众多岛屿及难以计数的岩礁周围、浅海海域和潮间带为海洋生物栖息提供了良好的场所,使浙江省海域成为我国海洋渔业资源蕴藏量最为丰富、渔业生产力最高的海域,素有"中国鱼仓"的称号。

（一）渔场分布及概况

浙江近海渔场地处中纬度,是东海大陆架的西部,南起北纬 27°,北至北纬 31°,东经 125°以西海域,渔场面积约 15 万平方千米。我国习惯上根据水域位置、捕捞对象和作业方式区分渔场,如舟山渔场、吕泗渔场;大黄鱼渔场、带鱼渔场;拖网作业渔场、围网作业渔场等。如果根据渔场所处的方位来区分渔场,可以把浙江省的渔场划分为北部渔场、中部渔场和南部渔场。北部渔场为北纬 30°～32°,东经 125°以西;南部渔场大致为北纬27°～30°度,东经 125°以西,其他区域为中部渔场。

（二）渔场资源分布

在近海渔场中，渔业资源又较为集中于舟山渔场、鱼山渔场、大陈渔场、洞鹿渔场等，其中，岛屿分布密集的舟山渔场是我国主要经济鱼类的集中产区，也是中国最大的渔场，目前是浙江省、江苏省、福建省和上海市3省1市渔民的传统作业区域。

舟山渔场及舟外渔场有鱼类365种。其中暖水性鱼类占49.3%，暖温性鱼类占47.5%，冷温性鱼类占3.2%；虾类60种；蟹类11种；海栖哺乳动物20余种；贝类134种；海藻类154种。鱼山、温台渔场及鱼外、温外渔场位于浙江省中部、南部沿海，主要鱼类为带鱼、大黄鱼、绿鳍马面鲀、白姑鱼、鲳鱼、鳓鱼、金线鱼、方头鱼和鲐鲹鱼、乌贼。大陈渔场为全国四大渔场之一，浙江省第二大渔场，盛产石斑鱼、墨鱼、带鱼等各种经济鱼类、虾类、甲壳类。

（三）水产资源数量指标及产出产值

浙江省的渔场主要位于东海和黄海，据《2015年中国渔业统计年鉴》资料，2014年按海域分的海洋捕捞总量见表2-1，浙江是东海海洋捕捞量最大的省份。据估算，浙江渔场目前的资源量为每年400万～500万吨，按照国际惯例，可捕量为资源量的一半，也就是200万～250万吨，但浙江省的实际捕捞量近年来每年都超过300万吨，可见浙江省渔场的渔业资源长期处于过度捕捞状态。

表 2-1　2014 年海洋捕捞产量（按海域分）

（单位：吨）

	全国	浙江	占比
黄海	3315958	205503	6.20%
东海	4898709	3037221	62.00%
所有海域	12808371	3242724	25.32%

浙江省海域的主要鱼类品种为带鱼、梅童鱼、鲐鱼、小黄鱼等，2014年产量及占比情况见表2-2。

表 2-2　2014 年海洋捕捞产量及占比(按品种分)

(单位:吨)

	全国	浙江	占比
鱼类	8807901	2111192	23.97%
带鱼	1084184	414978	38.28%
梅童鱼	299016	188497	63.04%
鲌鱼	480425	176293	36.70%
小黄鱼	342725	94718	27.64%
蓝圆鲹	602259	93013	15.44%
海鳗	381665	86608	22.69%
鲳鱼	329936	80705	24.46%
鲅鱼	428475	71266	16.63%
鳀鱼	926462	65197	7.04%
甲壳类	2395699	937862	39.15%
虾	1531025	641221	41.88%
蟹	864674	296641	34.31%
贝类	551607	18012	3.27%
藻类	24299	2715	11.17%
头足类	676715	144401	21.34%
其他类	352150	28542	8.11%
总量	12808371	3242724	25.32%

注:表中列出的 9 种鱼类为浙江所有鱼类产量排名前 9 名的鱼类。

从产量上来看,虽然目前的带鱼、梅童鱼等产量占全国产量较大比重,但这些资源的质量每况愈下,带鱼和小黄鱼虽能维持捕捞,但种群结构小型化、低龄化趋势明显,像筷子一样长的带鱼都被捕捞了,大黄鱼和乌贼已基本衰竭,很少能看到它们的踪迹。浙江渔场原本盛产的"四大渔产"——大黄鱼、小黄鱼、带鱼、乌贼已经名存实亡,取而代之的是营养级水平更低的以虾蟹类、小杂鱼为主的渔业资源,每年有约 100 万吨捕捞量是只能做饲料的小杂鱼和虾籽,经济效益低下。据测算,在 2002 年浙江渔场的渔业资源有 69%可以直接上市,31%无法直接上市售卖,需加工成鱼粉等饲料,而 2010—2012 年的监测结果显示,经过十多年的过度捕捞,这一比例已经完全倒过来,仅剩 30% 多的捕捞物可直接上市,绝大部分只能用于加工,可见资源退化十分明显。

除此之外,还可以重点考察舟山渔场的渔业资源情况。舟山渔场是全国沿海生产力最高的渔场,素有"东海鱼仓"之美誉。然而,近年来,舟山渔场的"四大渔产"产量占海水鱼产量的比重也逐年明显下降:1970—1975 年占比 70%～80%,1976—1983 年占比 50%～70%,1984 年起占比 50% 以下,1988 年仅占比 32.31%。同时,舟山渔场的其他渔业资源也呈逐年萎缩衰退态势,捕捞量也随之减少。2013 年,全市国内海洋捕捞总产量在 112.5 万吨,较 2006 年捕捞量下降在 10% 以上;从捕捞品种来看,鱼类 72.49 万吨,同比减少 0.6%,头足类 1.49 万吨,同比减少 29.6%。以大黄鱼为例,1957 年浙江的大黄鱼年捕捞量曾经达到近 17 万吨,而 2014 年仅 0.04 万吨,仅为 58 年前的 1/400。

（四）资源季节变化

据相关学者的调查,浙江省渔场(主要以舟山渔场及邻近海域为例)鱼类渔获量及平均每小时渔获量季节变化明显,周年总渔获量为 1318.38 千克,平均渔获率为 9.16 千克/时。其中:以夏季(612.15 千克、17.49 千克/时)最高,冬季(282.60 千克、7.85 千克/时)次之,秋季(275.19 千克、7.44 千克/时)居第三,春季(148.44 千克、4.12 千克/时)最少。

进一步比较鱼类种群及数量情况,舟山渔场及邻近海域的各个季节的鱼类种类数与 20 世纪 60 年代相比,已经有了较大的变化,特别是冬季的鱼类种数明显增加(据推测,有可能是由于全球气候变暖引起海水增温,导致调查海域冬季鱼类种数明显增加)。鱼类种数及组成都发生了很大的变化,在 20 世纪 60 年代初,调查海域共有鱼类种数 197 种,而 2007 年的调查共有 139 种,两者相差 58 种,而且鱼类的优势种已逐渐向一些小型的中上层鱼类演变,存在较为明显的渔业资源优势种群衰退和群落结构发生演替现象。

二、浙江渔场的利用现状

据统计,2014 年浙江省渔业经济总产值为 1938.4 亿元,渔业产值为 7575295 万元,比 2013 年增长 8% 左右,其中海洋捕捞产值为 3805583 万元,占渔业经济总产值的 20% 左右,占渔业产值的 50%。从渔场的利用状态上来说,主要为海洋捕捞、海水养殖和部分休闲渔业。2014 年浙江省海水养殖面积达到了 88178 公顷,深水网箱养殖达到了 772697 公顷。

2015 年,渔业经济总产出 1937.4 亿元,渔业(一产)增加值达到 503 亿元,分别比"十一五"末增长了 45％和 62.7％;全省水产品总产量 602 万吨,其中养殖产量 195.3 万吨,国内捕捞产量 345.5 万吨,远洋渔业产量 61.2 万吨(详见表 2-3),养殖业、国内捕捞业和远洋渔业占比分别为 32.4:57.4:10.2,结构进一步优化。渔民增收有了新突破,落实渔业成品油价格补助政策,五年累计发放渔业油价补贴 290 亿元,缓解了渔民生产成本上升压力;渔民人均收入达到 21514 元,比"十一五"末期增长 61％,渔民全面小康的长跑即将进入关键决胜阶段。渔业管理和公共服务能力进一步加强。实施"百站千组万联网"工程,进一步落实船东船长主体责任,与"十一五"相比,"十二五"期间渔船事故数下降 54.35％,死亡(失踪)人数下降 39.39％,沉船数下降 54.54％。5 年来,全省累计水产品质量抽检 2.5 万批次,样品合格率达到 98.9％。实现 60 马力以上渔船及渔民互助保险全覆盖,启动水产养殖互助保险试点,沿海渔业基础设施互助保险逐步完善,承担风险保额超 800 亿元,比 2010 年同期增长超 100％。

表 2-3 "十二五"浙江渔业发展主要指标及完成情况

主要指标	"十二五"计划	2010 年	2015 年
渔民人均纯收入/元	20550	13350	21514
海洋捕捞渔船数/艘	"双控"指标	24462	19493
渔业经济总产值/亿元	2030	1336	1937.4
水产品总产量/万吨	545	517.7	602
国内海洋捕捞产量	310	308.5	336.7
远洋渔业产量	25	19.4	61.2
海水养殖产量	92	87.2	93.3
淡水渔业产量	118	102.6	110.8
水产品产地抽检合格率/％	≥98	98	98.9

经过"十二五"发展,浙江省渔业综合实力又有了新提升,为继续走在全国前列奠定了坚实基础。更为重要的是,通过以"八八战略"为总纲,在渔业发展中深入贯彻落实省委省政府转型升级"组合拳",深入开展浙江渔场修复振兴暨"一打三整治"和"渔业转型促治水"两大行动,渔场秩序和渔村面貌呈现出了新气象。

当然,从捕捞产值、产量和养殖面积上来看,浙江渔场的利用已经比较充分,利用程度接近饱和。虽然从 1995 年开始全面实施伏季休渔,已使传统经济渔业资源有所恢复,但渔场传统主要经济渔业资源尚未明显好转,多数资源尤其是传统资源仍处于过度利用中。

另外,由于海洋经济产业快速发展所带来的冲击,尤其是港口、航运、通信等产业的发展等都给沿岸渔场生态及海底环境带来了严重影响。据调查,从20世纪80年代开始至今,舟山渔场作业面积已缩减近40%,还有40%受到管控,这必然会使大批渔船退出原作业渔场,进而加剧沿岸渔场渔业资源的捕捞压力。

三、浙江渔场生态环境现状

目前,浙江省渔场的生态环境有所改善。浙江省创新性地开展了浙江近岸海域浮标实时监测,初步建成了国控、省控和市控三级为主海洋环境监测站网,率先在全国组织实施重点港湾、主要入海江河及主要入海排污口月度监测、月度通报制度,形成多个海湾污染整治重点推进格局。浙江省内水与领海符合第一、二类海水水质标准的海域面积8645平方千米,符合三、四类和劣于第四类海水水质标准的海域面积35755平方千米,与"十一五"时期相比,分别提升1‰和下降3%。近岸海域水质状况和沉积物质量保持基本稳定。

但是,浙江省渔场生态环境依旧不容乐观,渔场生物多样性遭到一定程度的破坏,水质环境污染严重。近海四类及劣四类水质占比达到60%左右,特别是劣四类水质占三分之一;近岸海域富营养化严重,赤潮呈高发态势;炸岛取石、截弯取直、填海工程对海洋生态系统的影响持续存在;海洋生态已呈透支状态,环境承载力下降,推进海洋生态环境治理仍然面临管理体制、经济结构、社会格局、思想观念和行为方式的多重制约。陆源排放压力仍居高不下,近海赤潮爆发频次、面积呈增长态势;加上日趋增加的滩涂围垦、海底管线以及繁忙的海上交通等,对重要经济鱼类的产卵场、索饵场和洄游通道造成重要影响,浙江渔场盛产的大黄鱼、小黄鱼、带鱼、乌贼等"四大渔产"已名存实亡,资源呈现枯竭势头。内陆渔业资源同样处于衰退危机中。此外,渔村"脏乱差"等问题也仍然突出。

近年来浙江省沿海城市大规模建设临港工业和能源基地,海岸工程、海洋工程开发以及港航业的快速发展,导致滩涂湿地大量减少,近海海域生态逐渐脆弱,海域生境压力日趋沉重。据国家海洋局《2013年中国海洋环境状况公报》,2013年长江入海各类污染物质总量达8155951吨,长江口海域主要为劣四类水质。

由于浙江的工业经济较为发达,很多沿海城市进行了大规模的围海填海工程,破坏了原有海洋生物的生存状态,导致海洋生态系统已开始退化,影响了鱼类的洄游规律,破坏了鱼群的栖息环境、产卵场,生物多样性已大大减少。根据《近岸海域环境监测规范》(HJ 442—2008),2013 年舟山海域海洋生物多样性监测共鉴定到浮游植物 66 种,多样性指数为 2.17,生境质量等级为一般;浮游动物 74 种,多样性指数为 3.10,生境质量等级为优良;底栖生物 31 种,多样性指数为 1.83,生境质量等级为差。其中国家级海洋特别保护区之一的普陀中街山列岛鉴定到浮游植物共 43 种,多样性指数为 1.34,生境质量等级为差;底栖生物共 17 种,生物多样性指数为 2.82,生境质量等级为一般。

浙江渔场所处海域地处江河入海口,受大陆径流影响较大,污染主要为输入性。随着污染物总量的不断增加,浙江渔场海域环境状况日趋恶化,海洋赤潮频发,一定程度上导致辖区渔业资源生物多样性急剧降低,如嵊泗东部岛屿的石斑鱼、虎头鱼、蛏子、文蛤等数量、质量均明显下降。2014 年浙江省因污染导致的水产品损失达 1544 万元。2013 年舟山市海洋环境公报数据显示,受长江、甬江、钱塘江等江河携带的入海污染物影响,舟山近岸海域的海水环境质量始终处于较为严重的富营养化状态,海域面积超过"第四类"海水水质标准的有 1.1 万余平方千米,占全市近岸海域的 53%,近岸海域无"第一类"海水。全年共发现近岸海域赤潮 6 起,面积达 400 平方千米。另外,航运中频繁发生的溢油事故给渔场环境带来了直接的破坏,比如宁波海域的近海船舶溢油事故每年有 5 到 6 起,对海洋生态系统造成灾难性的打击,导致局部海域生态平衡遭到破坏。

鉴于本著作第八章第一节会对浙江海洋环境发展现状进行更为深入的剖析,此处不再赘述。

第二节　浙江渔场发展中存在的问题

浙江省渔场修复和渔业转型升级已经找到跑道,见到曙光,但在法治建设、产业转型、生态保护、民生改善等方面也存在问题及短板。而且,从以上对浙江渔场现状的考察中,我们不难发现,浙江渔场发展中存在着几个方面的矛盾和风险:渔业资源供给的可持续性和需求的日益扩大性之间的矛盾、渔场环境与生态持续恶化的风险、渔业管理体制上的障碍等。

一、违法违规现象普遍，监管能力还需提高

浙江渔场修复振兴任务仍然任重道远。违反伏休规定、跨海区偷捕等行为屡禁不止；非法购销渔获物、非法供油供冰等现象屡见不鲜；电鱼、毒鱼、炸鱼等非法行为屡禁不绝；擅自改变捕捞作业类型，普遍使用小网目、双层囊网（密眼衬网）数不胜数；违法渔民冲撞渔政船、扣押执法人员等严重暴力抗法行为时有发生。而现有法律法规滞后，执法力量薄弱，联动协同机制不全，渔业基础工作不够扎实（尤其是资源监测调查工作缺失），技术装备尤其是信息化水平较为落后等问题突出，导致渔业管理成效不明显，渔业资源管护与渔区社会稳定之间的矛盾日益突出。

二、国内捕捞产能过剩，水产养殖方式比较粗放

经过对非法渔船的严厉打击，浙江省已打掉涉渔非法船舶总功率约 50 万千瓦，但是仍有功率约 340 万千瓦（约占全国 1/4），海洋渔业资源长期处于过度捕捞状态，大大超过资源承载力，加上渔具渔法不科学，捕捞产能过剩问题十分突出。传统水产养殖仍占主导地位，创新动能不足，产业发展乏力，供应与需求不符，产品与市场错位，中低端水产品价格长期低迷，需要花大力气开展供给侧结构性改革。

目前浙江渔场庞大的捕捞规模导致海洋渔业资源的可持续利用的问题日益突出。一方面，捕捞产能严重过剩。2014 年，浙江省拥有机动渔船43981 艘，总吨位达 291 万吨，总功率为 470 万千瓦，近五年来年捕捞量达300 多万吨，超出最大捕捞量的 50% 以上，大大超出资源承载量。捕捞产能严重过剩已成为目前浙江渔场资源持续恶化最直接、最主要的原因。过度捕捞已成为海洋之痛，《中国海洋发展报告》（2015）显示，渤黄海有记录生物物种 300 种，东海 760 种，南海 1000 多种。然而，1997 年至 2000 年专项调查结果显示，渤黄海生物仅剩 180 种，东海也只有 620 种，海洋生物物种的种类分别减少 40% 和 30%。

另一方面，随着中日、中韩渔业协定的实施，以及涉海建设项目的逐年增加，渔业发展空间受到严重挤压。在渔场利用方面，据不完全统计，浙江渔民目前利用的外海渔场面积约 40% 将永久性丧失，约 40% 将作为中日共同管理海域，捕捞生产将受到严格限制，迫使外海生产渔船拥挤在狭小的传统渔场，渔场饱和度和水产资源量均进入临界点，成为制约海洋捕捞业可持续发展的瓶颈。特别是舟山海域大量企业用海、国防用海、通信用海和锚地用海，使得海区渔场作业面积累计减少近 1 万平方千米。同时渔业资源存

在数量区域性差异明显、缺乏广布性和生物量巨大的特征,也在一定程度上制约海洋渔业资源的可持续利用。通江达海的地理优势和海运业的发达,使浙江海域的航道利用日益频繁,商船日益增多,特别是穿越舟山海域渔船作业海区,通往五大洲四大洋的各类货轮日均通过量为 2000 余艘,造成商船与渔船碰撞事故频发,给传统渔业生产带来巨大损害。

此外,大规模的围垦使得鱼类丧失生存环境,进一步影响了渔场的资源供给。"十一五"期间,浙江省全省圈围滩涂 4 万平方千米,"十二五"围垦规模是 6.67 万平方千米。据统计,1950—2010 年浙江省共围垦滩涂面积 23.66 万平方千米。

三、渔场环境与生态堪忧,资源衰退势头尚未根本扭转

随着社会的发展,大量污水通过各种途径流入大海。长江流域产生的大量污染随着长江径流进入浙江渔场海区;长三角地区蓬勃的经济发展产生的大量的废水、废气、固体垃圾,也通过径流等不同途径进入渔场海区。这些污染包括各种氮、磷等营养元素,也有各种农药、有机污染物等,给该海区的水质带来严重影响,致使海区富营养化,水质质量严重下降,生态系统严重退化,对海区内的海洋生物包括各种渔业资源产生严重影响。

陆源污染没有根本性好转,致使近海赤潮依然多发,再加上滩涂围垦、海底管线以及繁忙的海上交通等人类活动的影响,对重要经济鱼类的产卵场、索饵场和洄游通道造成重要影响。沿海和沿江污染源的大量排放,石油和柴油等化学燃料以及重金属的大量流入,导致入海排污口及周边海域底质沙漠化严重,底栖生物种群结构退化,1/3 海域出现无底栖生物现象;沿海大面积浅海滩涂和湖泊围垦建设,导致生物和鱼贝类生息繁衍场所减少,水产生物种类尤其是经济性种类大幅减少或灭绝;海域和湖泊富营养化导致赤潮灾害频发,持续时间长,危害程度加重,生态环境恶化日趋严重,沿海海域多数处于不健康和亚健康状态,近岸海域中度和严重海洋污染面积达 2 万多平方千米。

四、渔业管理机制不畅,"公地悲剧"现象依然存在

从渔场的管理体制上来考察,尽管渔业管理部门竭尽所能,对海洋渔业的开发和渔场的管理投入了巨大的管理成本,但高昂的管理费用并没有从根本上保护海洋渔业资源,沿岸提高捕捞强度的行为始终没有得到有效控制,渔民海上作业事故仍然频繁发生,海洋渔业资源利用中的"公地悲剧"广泛存在。目前浙江具有海上执法能力的渔政船数量偏少,每条渔政船平均

要管理在籍渔船 2000 余艘,管辖海域面积 1.8 万平方千米,查获破坏渔场生态和环境的可能性较低。由于海洋捕捞业具有渔民多、渔民转业成本高、兼捕性强和海上交易频繁等特点,这些特点都导致了政府监督管理成本很高。绵长的海岸线和捕捞渔业的宽阔的作业区无疑会增加渔业资源管理的难度,使得管理者处于一种两难的境界。目前对渔场管理的制度主要是以控制入渔者数量和捕捞努力量为目的,实际执行过程中由于渔民的分散和组织化程度低,效果大打折扣。

五、渔民转产转业困难,收入增长受到挑战

根据本课题组的调查,海岛县和纯渔区产业结构单一,缺乏就业渠道,传统渔民普遍存在年龄偏大、受教育程度偏低、生产技能偏弱等问题,转产转业十分困难。从渔民收入来看,受宏观经济下行压力较大的影响,"十二五"期间渔民收入增速与"十一五"相比有所放缓,增幅同比下降 1 个百分点。同时,中央对渔业生产成本补贴政策做出调整,对浙江省渔民持续增收造成较大压力。

因此,"十三五"时期浙江省渔场的修复和渔业转型升级工作充满机遇和挑战,必须努力化挑战为机遇,以法治思维和改革精神,先行先试,破解难题,推动渔业产出高效、产品安全、资源节约、环境友好,使浙江渔业在全国"继续发挥先行和示范作用"。

第三节　浙江渔场修复的必要性研究

以舟山群岛为代表的浙江渔场是世界著名的四大渔场之一,海产品种类和总量长期居全国第一。但后来由于过度捕捞和严重污染,浙江渔场的鱼类资源濒临枯竭。为扭转"东海无鱼"困局,2014 年,浙江启动实施浙江渔场修复振兴计划,在沿海地区全面开展"一打三整治"行动,但大多以行政处罚为主,效果不理想。所以,浙江渔场修复仍需要加大力度。具体来说,浙江渔场修复的必要性表现在:

一、渔场修复是实现海洋强省目标的重要抓手

渔场修复是实现海洋经济强省的必然选择与途径。《浙江海洋经济发展示范区规划》已在 2011 年获国务院批准,这意味着浙江向海洋经济世纪迈进的大门已经洞开。加快海洋经济发展方式转变的步伐,进一步优化海

洋产业的布局和结构,建立起高素质可持续发展的海洋产业体系是示范区建设的任务,其中包含海洋农牧化建设工程,其具体目标是建成繁荣兴旺的"海上牧场"。

随着浙江省经济发展方式的转变,海洋经济发展中各类资源开发利用活动深度和广度将不断拓展,海洋资源环境承受的压力将越来越大,海洋经济发展与海洋生态系统间的矛盾也将越来越凸显,长期发展下去必然会对海洋环境安全造成威胁,也不利于海洋经济的科学发展。作为海洋经济的重要组成部分,传统海洋渔业也处于转型提升的关键时刻。实施渔场修复振兴行动,以生态统领理念倒逼海洋渔业结构调整,摒弃过度捕捞等落后发展模式,建设生态良好、生产发展、装备先进、产品优质、渔民增收、平安和谐的现代海洋渔业,是确保渔业可持续发展的必由之路,也是打造"浙江经济升级版"的重要内容。

鱼以海为家,海因鱼而活,生物多样性是增强海洋纳污自净能力的基础。治理"东海无鱼"就是要让生态系统休养生息,让海洋环境明显改善,让碧浪银滩、鸢飞鱼跃的海洋成为美丽浙江一道坚实的蓝色生态屏障。从生态目标上看,渔场修复可构筑蓝色生态屏障,改善海洋生态环境,助力生态文明建设,是加快海洋强省建设进度的重要组成部分和确保渔业可持续发展的重要途径。

二、渔场修复是缓解几个现实难题和矛盾的有力手段

目前过度捕捞现象严重,当生态系统中价值高、个体大的种类被过度捕捞后,人们的捕捞目标必然转向其他一些价值较低的物种,而当这些价值较低的物种生物量枯竭后,捕捞目标随之又转向价值更低的种类,这样依次将使生态系统的所有物种都被过度利用,造成渔业资源的系列性枯竭和物种品种的灭绝。渔场修复是缓解捕捞产能与资源不足矛盾的重要手段。2014年开始的"一打三整治"专项执法活动、减船转产专项行动、"生态修复百亿放流"行动是渔场修复中的主要行动,从现实状况上看到,已经起到了一定的作用,减少了船只数量和马力,降低了渔场捕捞强度,增加了对渔场资源和生态修复的投入,从渔场的供需两个方面起到了一定的平衡作用,目前已成为缓解现实难题和矛盾的有力手段,并将在下一阶段继续发挥应有的作用。

三、渔场修复是生态文明建设的重要内容

党的十八大指出,建设生态文明,是关系人民福祉、关乎民族未来的长远大计。把生态文明建设放在突出地位,融入经济建设、政治建设、文化建设、社会建设的各方面和全过程。从人类历史的视角看,生态文明就是对工业文明进行深刻反思并且扬弃的结果,是工业文明发展到一定阶段的产物。因此,生态文明绝不仅仅是表面上良好的生态环境,而应该是建立在经济增长、社会发展与资源环境相协调基础上的人与自然和谐相处的一种高级文明形态。绿色发展、循环发展、低碳发展已成为建设生态文明的基本途径。渔场修复本身就是生态文明建设的内容,也是生态文明建设的手段。通过末端的污染治理和生态修复,为绿色发展提供基础,并且把产业结构和生产方式、生活方式的源头转变与末端治理相结合,突出了生态文明建设的主攻方向。

四、渔场修复是夯实浙江海上粮仓的切实需求

"东海无鱼"触及海洋的生态红线、社会的民生底线。2014 年浙江省有75 个渔业乡、766 个渔业村、110 万渔业人口,海洋捕捞一直是沿海渔区群众赖以生存的支柱产业。加快渔场修复振兴,是保障他们的生计、生活方式的现实基础,也是保障地区长治久安的基础。解决好传统渔民的稳定生计来源,是巩固"一打三整治"成果,确保渔区长治久安的大问题。浙江应该义不容辞地担当起"修复振兴浙江渔场、重振东海'蓝色粮仓'"的历史重任。

经济发展到一定程度后,人们对食物的需求更加注重营养健康,对于能提供优质蛋白的海产品的需求越来越大。浙江是个陆域小省、海洋大省,农田面积少,粮食自给率低,但有大片的海域,有丰富的海产品作为补充,世代相传形成了浙江人的食物结构。目前,渔场修复是夯实海上粮仓的切实需求,不仅是保障粮食安全的战略之举,也是改善生活品质的务实之策。通过渔场修复,让渔业资源永续利用、渔业生产可持续发展,让家门口的"鱼"由小变大、由少变多,让城乡居民经常能吃到品种多样的海鲜,让渔民过上更加美好的生活。

第三章 浙江渔场修复现状分析

  2014 年 5 月 28 日,浙江省开展"一打三整治"专项执法行动。这一事关浙江省 120 万渔民及子孙后代生计命脉的战略决策,关系到浙江省渔业经济健康持续发展,关系到浙江省海洋生态文明建设的成败,高瞻远瞩,深受广大百姓拥护与支持。但是近两年来,此项决策在执行过程中遭遇到一些严峻的问题,例如,"三无"渔船危害严重,必须严厉打击,但其形成的根源是什么? 应如何处置那些"三无"渔船? "三无"渔船船主应何去何从? 在此期间,出台了渔业油价补贴新政,这一政策关系到全省渔民的切身利益,带来好处的同时会产生哪些新的问题? 日益严峻的"渔民"与"渔权"问题应如何解决? 渔民的社会保障如何解决? 应如何形成"一打三整治"与"浙江渔场振兴"的长效机制与体制? ⋯⋯为了回答这些问题,这一章将重点分析浙江渔场修复的现状和主要成效。

第一节 "一打三整治"专项行动执行现状

  浙江作为"中国鱼仓",有着广阔的海域和众多优质的渔场。但因为近几十年的酷渔滥捕,浙江渔场渔业资源日益衰竭,濒临绝境。根据数据资料统计,1985 年到 2014 年 6 月份,短短 30 年时间浙江省渔船总动力增加了 4 倍。更令人担忧的现象是,浙江省 3.5 万艘渔船中近 1/3 是"三无"渔船,部分渔民在休渔期仍然下海捕鱼。困扰浙江的还有海洋环境问题。据《2012 年中国环境状况公报》数据显示,浙江近岸海域有将近一半的水质是劣四类。面对近海渔业资源的日益衰退、海洋环境的日益恶化与生态红线的日益逼近的现状,浙江省坚定决心要振兴浙江渔场。为此,浙江省提出了"一打三整治"专项行动,力图用3年左右的时间振兴浙江渔场。

"一打三整治"行动是指依法打击涉渔"三无"船舶以及违反"伏休"规定等违法生产经营行为,全面开展渔船"船证不符"(指船舶实际主尺度、主机功率等与相应证书记载内容不一致)整治、禁用渔具整治与污染海洋环境行为整治。

浙江省政府要求,凡是2012年9月30日以后建造的涉渔"三无"渔船全部拆解,船长大于12米的涉渔"三无"渔船全部取缔,小于12米的涉渔"三无"渔船在规定期限内予以消化整治,至2017年底,取缔任务全面完成。与此同时,有关部门将会依法打击一系列的违法行为,主要包括违反伏休制度、禁渔区和向违规船舶提供物资、收购销售其渔获物等违法行为,并且要严厉打击省外渔船非法进入浙江省海域进行捕捞的现象。

一、"一打三整治"专项行动执行情况

"一打三整治"专项执法行动自施行以来,已经取得了很大成就,积累了许多经验。但在推进过程中也出现了一些严峻的问题,例如因法律依据缺失难以执行,执法力量不足难以打击,协调联动不够难以持续,渔民生活难以保障等。从长远来看,建立健全"一打三整治"专项行动的长效机制才是振兴浙江渔场、实现浙江现代渔业可持续发展的必由之路。

自2014年5月启动以来,在浙江省委省政府高度重视、各级各部门共同发力下,"一打三整治"工作取得了阶段性成效。浙江省各个地区干劲十足,把取缔涉渔"三无"渔船作为突破口积极推进。2015年1月29日,浙江省委书记、省人大常委会主任夏宝龙在赴浙江省海洋与渔业局调研时进一步强调,浙江全省上下特别是沿海各地要把海上"一打三整治"专项执法行动进行到底,加快推动浙江省海洋经济转型发展,让浩瀚东海焕发美丽容颜。

根据各地上报的数据显示,截至2015年1月30日,浙江省共排查出涉渔"三无"船舶12635艘,愿意主动上交政府处置的9618艘;已累计取缔10049艘,全省涉渔"三无"船舶取缔数已占全部核查数的79.5%。

截至2015年3月底,全省累计取缔涉渔"三无"船舶11350艘,整治"船证不符"渔船5108艘,清理海洋禁用及违规渔具近9万顶,查处各类违法案件1482起,刑拘83人,执法行动取得了阶段性成果。

截止到 2015 年 6 月 8 日,仅一年时间就提前并超额完成任务,全省取缔涉渔"三无"渔船 13604 艘,完成了核查总数的 101.5%;其中主动上交的有 11934 艘,占总数的 88.9%;在已经取缔的"三无"渔船中,被拆解数量最多,有 11229 艘,转化为人工鱼礁、休闲渔业等非捕捞类型的有 2375 艘。浙江省沿海 30 个县市区与开发区都已经基本完成了取缔任务,基本上实现了"三年任务一年完成"。此外,浙江省加大了对"绝户网"渔具的取缔,严厉整治船证不符的违规行为,使省内长期"无序、无度"的海洋捕捞乱象得到明显的遏制。同时,2015 年全省调查了 336 个入海排污口,设立了各类海洋监测站位 1941 个,比 2014 年增加了 59%,并在全国率先建立了海洋环境季报制度,在 1 年时间内累计增殖放流各类海洋生物幼苗 21 亿尾。"一打三整治"政策工作初显成效,但冰冻三尺,非一日之寒,要解决长期积累的矛盾和问题任重而道远,政策实施的长效机制形成仍面临十分严峻的形势。

2016 年 6 月 1 日,按惯例,浙江省 2.1 万艘国内海洋捕捞渔船、15 万名渔民全面进入休渔期。2016 年是浙江渔场修复振兴暨"一打三整治"行动纵深推进的第三个年头。对照省委、省政府《关于修复振兴浙江渔场的若干意见》中提出的"三步走"时间表,2015 年年底,浙江省已基本完成涉渔"三无"船舶的取缔工作,实现了"三年任务一年完成",但要如期完成杜绝非法捕捞等目标,仍任重道远。

截至 2016 年 10 月,浙江全省取缔涉渔"三无"船舶 14004 艘,对全省 6703 艘"船证不符"的渔船开展整治,取缔禁用渔具 14 万顶(张),对 336 个入海排污口开展摸查,"一打三整治"取得阶段性胜利。完成了近 50 万亩池塘生态化改造,推广近 40 万亩稻渔轮作,划定超 60 万亩禁限养区,启动实施"生态修复百亿放流"行动,累计增殖放流水产苗种 83.2 亿单位,有力地助推了"五水共治"。浙江省已在渔业治理模式、倒逼转型机制等探索中积累了新的经验,将为"十三五"期间渔业转型升级注入强大动力。

宁波市按照省委、省政府统一部署,扎实有效地开展渔场修复振兴暨"一打三整治"专项行动,各项工作取得了阶段性成效。渔场修复振兴暨"一打三整治"专项行动开展后,市委常委会、市政府常务会议分别听取专项行动情况汇报,研究部署相关工作,成立了市委副书记任组长、市政府副市长任副组长的协调小组,并召开了协调小组第一次会议。宁波市海洋与渔业局作为协调小组办公室,负责日常工作,建立分片督导制度。截至 2014 年 12 月 31 日,宁波全市涉渔"三无"船舶核查数 3343 艘,其中船主愿意主动上交的 2694 艘,占涉渔"三无"船舶的 80.6%,共取缔涉渔"三无"船舶 2718

艘,完成年度取缔任务(1331 艘)的 204.2%;完成所辖 5946 艘在库渔船实船勘验,其中确认为"船证不符"的 2918 艘,占勘验数的 49.1%,完成"船证不符"渔船整治 2048 艘,占"船证不符"船数(2918 艘)的 70.2%;查处各类渔业违法案件 204 起,其中抓扣外省籍渔船 14 艘;全市累计清理滩涂违规渔具 27018 顶/张,查处非法制售禁用和违规渔具 190 顶/张;完成海水生物增殖放流 73822.6 万尾(颗)。

另以台州市为例,截止到 2015 年 7 月中旬,已取缔涉渔"三无"渔船 4033 艘,是取缔任务目标的 103%,其中拆解量高达 3231 艘,占取缔数量的 80.1%,位列全省涉渔"三无"渔船拆解数第一。

非常值得一提的还有舟山市岱山县,自 2014 年"一打三整治"行动实施以来,已超额实现了三年任务一年完成的目标。截止到 2015 年 4 月底,岱山县就超额完成了省里下达的拆除"三无"渔船 691 艘的任务,其中已实现转产转业的船舶数量为 85 艘。其他县市也都积极响应此次行动,取得了明显成效。

为了有效保护海洋渔业资源,浙江省积极开展了全面的陆地和海上联合执法行动。截至 2015 年 6 月 8 日,查处了各类违法案件 1695 起,清理了禁用渔具近 11 万顶,并且增殖放流苗种达 21 亿尾,振兴和修复浙江渔场取得了良好的阶段性成果。

二、"一打三整治"政策实施中存在的主要困难和问题

除了"一打三整治"政策所取得的成绩之外,也应该看到该政策实施的过程中存在的主要困难与问题。而该政策的实施,既存在"一打""三整治"各自特有的困难与问题,也存在二者共同的困难与问题。

(一)"一打"工作中存在的主要困难和问题

第一,法律依据不健全,难以执行。我国虽然已经颁布实施《渔业法》《海洋环境保护法》和《海域使用管理法》等关于保护海洋渔业资源与生态环境的法律法规,浙江省更是适应新形势,针对省情及时修订实施了《浙江省渔业管理条例》与《浙江省渔港渔业船舶管理条例》,为"一打三整治"行动"有法可依"提供有力的保障。但"一打三整治"专项执法行动涉及部门多,涉及执法领域广,在实际工作中还存在许多管理上的法律"真空",出现"无法可依"的尴尬局面。比如,在清港行动中,对停留在港口或内河的涉渔"三无"渔船,查扣后"一律拆解",只是靠目前的政策大背景,找不到法律依据。

第二,渔民生活难以保障。渔民不同于其他群体,他们"靠海吃海",如

果放弃捕鱼之后没有找到其他出路,也没有生活保障,就很有可能重新下海,这样一来便会动摇"一打三整治"行动的群众基础,从而偏离修复振兴渔场的目标。例如,台州市涉渔"三无"渔船退出生计渔民大约 8000 人,而转产转业取得的成效并不显著,渔民社会及养老保障也没有得到完善,渔民心中难免会出现强烈的抵触情绪。例如,舟山市岱山县在打击"三无"渔船中取得了良好的成绩,但是被打击的三无渔船中转产转业的比例并不高。截止到 2015 年 4 月底,岱山县各乡镇共取缔"三无"渔船 721 艘,而转产转业比例平均只占 14.21%。开展"一打三整治"专项执法行动,最终目的是创造渔民的美好生活,解决好传统渔民的稳定生计来源问题,是巩固"一打三整治"政策的成果、确保渔区社会长治久的大问题。

第三,"三无"渔船难处理。浙江省有将近 1.2 万艘"三无"渔船,按照政策规范,只要发现"三无"渔船在海上进行捕捞和生产,就全部予以拆解。但这种做法面临着两个难题:从海上移送到哪儿以及扣押到哪儿。"三无"渔船数量庞大,没有足够的扣押场所,许多都放在租来的当地船厂里,然而"三无"渔船拆解前要经过这样一个流程:扣押→调查取证→行政复议→没收→公示。这就需要大约 9 个月的时间,再加上一艘渔船在船厂扣押一天就要交 800~1000 元的租金,而且渔船数量众多,这需要很大一笔费用,这些费用都将由政府支付。扣押场所缺失加上扣押成本压力,再加上这些"三无"渔船中也有许多质量性能都不错的,当作报废渔船进行拆解确实既浪费了资源,又加大了工程量,而当时打造这些渔船的渔民损失也会更为惨重。对上交或没收的"三无"渔船进行拆解,且不说数量庞大、要费时费力,对资源也是一种浪费。对将要报废的渔船进行拆解无可厚非,但是要处理好"三无"渔船,仅仅依靠拆解是不可取的,应为这些"三无"渔船另谋出路。

第四,省内部分渔民有抵触情绪。由于过去多年"三无"渔船基本处于失管状态,数量大幅攀升,牵扯渔民多、利益大,此次铁腕整治引起不少渔民的抵触情绪,渔民上访在各地多有发生。铁腕严打之下,浙江各地核查出"三无"渔船 11900 艘,根据规定都必须取缔(拆解)。而这动了一些"三无"渔船渔民的利益,因此引发不满。沿海各省市对"三无"渔船、非法捕捞打击力度不同,省际政策差明显,"这里是违法,那里还允许甚至鼓励"的情况普遍存在,浙江渔民对比之后"不公平感"增强,抵触情绪大。据了解,"一打三整治"行动开展以来,"三无"渔船渔民上访、围堵的频率很高,这对社会稳定造成不小压力,尤其是在渔民集中的沿海地区,如何确保大规模渔民的诉求能够在合法范围之内得到表达成为政府部门的难题。

（二）"三整治"工作中存在的主要困难和问题

"三整治"工作中存在的主要困难和问题包括两个方面，一是"三整治"工作明显滞后于"一打"，二是修造渔船时违规操作现象丛生，为产生新的船证不符埋下了伏笔。

1. "三整治"工作明显滞后于"一打"

"一打三整治"行动已经取得阶段性成果，全省打击了众多的涉渔"三无"渔船，这一成果在"一打"的范畴之内。但是"三整治"工作与"一打"工作相比，明显滞后，一些"三整治"工作尚未得到有效落实，大多处于宣传阶段，停留在文字方案上。这些问题已经引起业内有识之士的关注和各级政府及部门的重视，有待于采取切实可行的政策举措，才可能使"三整治"政策落到实处，执行有效。

第一，"船证不符"整治相对滞后。"船证不符"现象严重，如"大机小标""多船一证"（克隆船）和"一船多证"等。例如，有的船主"小船"换"大船"之后，仍然使用"小船"的船舶证书；还有一些新进入市场的船主为了少交税费，借用别人的"小船"应付船检部门的检查。"船证不符"现象导致渔业生产与管理局面严重混乱，给渔业可持续发展造成严重的瓶颈问题。

第二，禁用渔具整治相对滞后。对海洋渔业资源破坏较大的禁用渔具主要包括电脉冲、多层囊网、密眼衬网、地笼网、串网等，还包括网目尺寸不符合法规的网具等。虽然"一打三整治"政策执行以来没收了许多禁用渔具，但是仍有很多违法违规行为的存在。例如，一些渔民打着围网的旗号，但在实际的作业过程中却使用拖网、地笼网等，对海洋渔业资源保护管理造成严重危害。

第三，污染海洋环境行为整治相对滞后。造成海洋环境污染的原因主要包括污水不达标排放、直排以及养殖带来的污染。例如，一些企业为了节省生产成本，购置了净化污水装置却不投入日常生产使用，只用于应付检查，平时污水直排；目前浙江省养殖大多是粗放型的模式，围塘养殖水体交换直接排放入海，而网箱养殖等因密度过大，投放饲料多，造成海域水体污染，究其原因，除了有关人员法律意识淡薄外，还与为了降低成本的利益驱使，以及相关部门的监管不力有关。

2. 修造渔船违规操作现象丛生，为产生新的船证不符埋下了伏笔

第一，迁就船东不合理要求。部分船舶修造企业依然存在按照原有方式进行修造渔船的不良习惯，一味迁就船东的要求，按照他们的意愿修造渔

船,对影响船舶结构和性能方面的修改并未遵循先设计审批后施工建造的规定。

第二,抢时间现象普遍存在。建造船舶的流程主要包括:批准→审图→开工→完成。其中前三个流程非常紧凑,更有甚者把它们安排在了同一天。"抢跑道"现象在开工环节仍存在,即在没有得到开工令前就自行开工,主要包括安放龙骨和主体等。

第三,预留柴油机的改装空间。虽然在检查过程中渔船主尺度和主机基本上能达到按图施工,但是有部分渔船主机为安装中冷器预留了一定的空间,这就为安装中冷器和提高主机输出功率(也就会产生新的船证不符)埋下了伏笔。

(三)"一打"和"三整治"工作中存在的共同困难和问题

第一,执法力量不足,难以打击。相对于东海渔场辽阔、管理情况复杂、现阶段违法者对抗心理强烈等现状,渔政管理和执法力量则显得明显不足。以台州为例,台州管辖的海域面积约为 6910 平方千米,占全省的 16.3%;大陆岸线长约为 630.87 千米,占全省的 22.44%;全市有 6546 艘涉渔船舶,占全省的 22.16%。而现有海洋执法船艇 10 艘,总排水量 2051 吨,仅占全省13.33% 和 16.97%,个别县(市、区)还没有渔政执法船艇,无法及时采取海上执法行动。虽然经常开展统一行动,加大打击力度,但执法力量难以满足执法需求已是不争的事实。

第二,区域联动不够,难以持续。"一打三整治"行动需要区域联动,而实际工作中,由于认识程度不同,责任主体不同,存在"单打一""一招鲜""一阵风"的现象,齐心协力不足,合心合拍不够,难以形成"组合拳",打好"持久战"。从区域联动来看,浙江先行,为全国开了先河,提供了经验,但其他省份跟进不够,省际边界"落差"明显,出现了浙江涉渔"三无"渔船外逃、外省船舶进入浙江海域偷捕等情况。

四、建议健全"一打三整治"行动长效机制

(一)深入持久推进"一打"工作

第一,探索渔民的养老保险制度,为渔民解决后顾之忧。渔民"靠海吃海",年龄大的渔民无法出海,许多人就没了生活来源,养老保险制度是保障渔民老年生活的政策,值得探索研究。许多地方已经开始探索制定渔民养老保险制度,比较成功的有台州市和舟山市等,为其他各地制定完善渔民养老保险制度提供了一定的经验。温岭、临海等地积极实施推动渔民的养老保险制度,目前参加养老保险制度的渔民已超过 13200 人。椒江把传统渔民分为城镇、农村和海岛渔民三大类,分步解决渔民的养老保险问题;其中,地区财政部门给予渔民分档补助,参保人数超过 1000 人。为解决渔民养老问题,舟山市出台了《关于原集体捕捞及相关作业渔民发放生活补贴的指导意见》,做出以下规定:符合条件的渔民不仅能享受到城乡居民的基本养老保险金,还按原集体的捕捞年限发放生活补助,捕捞年限每满一年,发放生活补助 10 元/月,渔民年满 60 周岁便可领取生活补助。舟山现在的养老保险制度覆盖率达到 100%,这是一个十分惠民的举措,值得各地借鉴。

第二,区别对待取缔的"三无"渔船,形成"一打三整治"长效机制。"三无"渔船中,一部分是纯商业化渔船,是纯粹为了商业捕捞利益违规违法生产的渔船,往往是其他产业的资本流入渔业,打造渔船,然后雇工进行非法生产,根本无"三证",对于这类"三无"渔船必须严厉打击。但是,大多数的"三无"渔船的渔民群体原来就有捕捞指标,由于经营不善或贪图眼前利益等原因,把自己的指标转卖给其他人或企业,然后自己再次打造渔船,但因为已经没有了捕捞指标,所以这些新打造的渔船便成为"三无"渔船,这些船大多数马力和吨位较小,船长约 12 米,通常是夫妻船或两三人合资打造的小渔船,为真真切切的"生计"渔船,这些船基本在沿岸海域捕捞作业,虽然违规违法,资源破坏性极大,必须取缔,但是这些小"三无"渔船的渔民往往除了捕捞技能,无其他谋生技能,是真真切切的弱势群体,因此完全彻底取缔这些"生计"的小渔船,势必会影响他们的生计,甚至可能会产生影响社会民生与大局稳定的问题。在取缔"三无"渔船的时候,应对不同类型的"三无"渔船区别对待,对于弱势的小"三无"渔船取缔问题,研究与制定后续政策非常必要。建议要区别对待"三无"渔船渔民,以油价下降和油补新政为契机,首先对渔民身份进行鉴定,对于不符合身份的涉渔工作者,让他们退出捕捞大军,另谋出路;对于符合身份又不愿转产转业的渔民,可以允许他们继续捕捞,但是要花钱买回捕捞功率指标;同时,给予愿意转产转业渔民一定的补助,并制定法律明令禁止捕捞功率指标转让与买卖,严格限制"入渔"条件,只有经过身份鉴定,符合"渔权"授予条件的渔民才能"入渔",从而形成打击"三无"渔船的长效机制。

第三,因地制宜,多渠道鼓励渔民转产转业。"一打三整治"打击了很多渔船,那些被打击的渔船主该何去何从,这是值得我们深究的问题。据问卷调查资料显示,渔民基本上不能转化为农民,一是土地短缺,二是当农民需要一定技能,不是一朝一夕能学会的。这就造就了许多"三无"渔船的渔民生活困难的现状,各个地区积极鼓励渔民转产转业,其中较有代表性的是苍南县。苍南县不但实施 1.2 亿元的补贴方案,还实行"连续 3 年转产转业补助",即在渔民主动上交"三无"渔船打算转产转业的情况下,5000 元的补贴分三年发放给他们。因为苍南县"三无"渔船众多,相关从业人员也多,相关部门力争向上级争取到更多的补助资金。截止到 2015 年 11 月 30 日,已经争取到补助资金 6733.9 万元,是浙江省得到补助资金最多的县。不仅如此,苍南县还积极组织当地企业为转产转业渔民提供岗位,2014 年 12 月 29 日,共组织了 30 家企业,提供了 600 个岗位为转产转业渔民举行招聘会,为渔民和家属提供就业选择。除此之外,苍南县还展开了各种各样的培训,组织技术人员为转产转业渔民提供技术指导,主要包括紫菜、泥蛤等浅海滩涂养殖的指导。在相关部门的争取和不懈努力下,苍南县已经有 600 名以上的渔民成功转产转业,他们大多从事海水养殖、休闲渔业和经商务工等。一些有特色的渔村、古镇也开展了形式多样的渔文化,探索具有特色的休闲渔业道路。转产转业不是短时期内能够完成的,各地要根据自身实际情况,互相学习,因地制宜,多渠道鼓励渔民转产转业。

第四,做好"三无"渔船的善后工作。大多数的"三无"渔船都面临着被拆解的下场,从而成了一堆堆的废铁。对此,很多地方进行了探索,使其"变废为宝",既省心又省钱。例如宁波市,2015 年 7 月 15 日,在渔业局的带领下,为渔山列岛海域投放了 27 座人工鱼礁,这些人工鱼礁都是由"三无"渔船改造得来的;这批被改造的"三无"渔船最长的有 46 米,200 吨位,最短的也有 18 米,经过仔细的清洗改造以后成为人工鱼礁,将成为石斑鱼、鲈鱼、鲷鱼等恋礁类鱼类的新家园。再例如平阳县,"三无"渔船能够投放在海底为小鱼小虾构成新家园。为了最大程度的"变废为宝",平阳县提出对"三无"渔船"拆一批、转一批、沉一批、搭一批",对海上查扣与主动上交的"三无"渔船区别对待,分类进行处置,综合利用起来。其中"沉一批"是对一些大型的钢制"三无"渔船机舱进行环保技术处理以后,拖到海洋牧场,运用沉降的方式形成人工鱼礁,这样既能节省拆解成本,又能节省人工鱼礁的维护成本,可谓一举两得。平阳县这一具有创新性的工作思路既推动了本地区的"一打三整治"工作,又为各个地区起到了模范作用,带来好的经验。要想做好"三无"渔船的善后工作,就要积极创新,力争为"三无"渔船找到最物尽其用的道路。

(二)深入持久推进"三整治"工作

第一,"船证不符"整治要创新推进。要着眼于"把近海捕捞强度真正降下来"的总目标,按照"杜绝增量、消化存量,堵疏结合、到期兑现"的工作原则,倒逼"船证不符"的渔船逐步消化超额功率。要明确规定整治时间,如期没有完成的,要以涉渔"三无"渔船来对待,一律拆解,不能留下缺口,故意拖延。

第二,违规渔具整治要强力推进。充分认清违规渔具给渔业资源带来的危害性、破坏性。要排出时间表,实行倒计时,坚决打击电脉冲、多层囊网及密眼衬网、地笼网、串网等禁用渔具。要本着长远考虑、对子孙负责的态度,以取缔禁用渔具和规范帆张网、三角虎网携带使用为重点,重拳整治违规渔具;要对在册登记的所有渔船,按照属地管理的原则,分片包干、逐船排查,一旦发现违规网具,坚决给予取缔,并与油补挂钩,增加经济处罚力度。同时,加强地笼网、串网清理,依法从重惩处非法收购、加工海洋生物幼体资源等行为。

要实施渔具生产厂家名录公示制度,对生产符合标准的渔具从政策和资金等方面给予支持。要积极摸索政府引导、行业自律、陆上规范、海上严查的工作方式,引导渔民自觉销毁禁用渔具,使用符合规格标准的渔具。

第三,海洋污染整治及生态修复要联合推进。要借力"五水共治"助推海洋污染整治及生态修复,推进入海污染物排查清理工作,以入海排污口为重点,摸清底数,建库立档,开展入海排污口月度监测巡查,全面清理非法设置、不宜设置、未达标排放的排污口。加大严重污染海洋的水产养殖污染的专项整治,加大对船舶油污的有效监管、全面整治。同时,加大海洋牧场、人工渔礁、"三场一通"保护、增殖放流等工作力度。

第四,建立惩罚制度,杜绝违规操作。首先有关执法部门要加大监管力度,并且建议建立惩罚制度,对为满足船东不合理要求而违规操作的企业进行惩罚,同时也要对违规操作的船东进行惩罚,力度越大越好。其次,还要把惩罚制度以法律形式规定下来,让惩罚不法行为变得"有法可依"。最后,要培养渔民的法律意识,使他们遵纪守法,按法律程序办事,杜绝为新的"船证不符"埋下隐患。

(三)深入持久推进"一打三整治"工作

第一,建议全国一盘棋开展"一打三整治"行动。许多海洋渔业资源种类是洄游性的,仅有浙江严打与整治,外省市如不同步配合实施,其效果会大打折扣,甚至使良好的政策与法规难以实施。首先,本省的"三无"渔船会趋避未同步实施打击的邻近省市,难以达到打击取缔的目的;其次,仅由浙江发起打击与整治,邻近的"三无"渔船又会违法违规进入浙江海域生产,浙江海域严厉打击会力不从心,难以招架应对。因此,"一打三整治"行动需要中国沿海各个省市联动实施,形成全国一盘棋的局面。建议浙江省挑头争取国家支持,以实现全国一盘棋,实施"一打三整治"行动,实现整治海洋渔业生产秩序,实现海洋渔业可持续发展的宏伟战略。

第二,以改革办法与法治思维深入推进"一打三整治"工作。相关管理部门要完善法规政策,使治渔工作有法可依;相关执法部门与职能部门要依法办事,建立起多个部门协同执法和陆海联动的执法机制。与此同时,还要增加执法力量,扩大执法队伍,使"一打三整治"工作顺利进行下去。要分类考虑渔民安置政策,对老年渔民而言,加快研究渔民养老保险政策;年轻渔民所占比例小,可通过职业技能培训,使他们进入其他行业;中年渔民的人数多,要引导他们从渔船向商业船流动;对生活困难的渔民给予一定援助;对于外省劳动力,建议他们另谋出路。

第二节　浙江对渔业油价补贴政策的执行现状

渔业油价补贴政策自实施以来,已取得巨大成果,但也出现了一些问题,为解决这些问题,2015 年 6 月 25 日,国务院对渔业捕捞与养殖油价补贴政策做出了调整。这次调整在很大程度上消除了原有政策的弊端,但其可能面临的挑战和存在的问题也不容小觑。

一、渔业油补政策出台背景及相关内容

国内成品油价格不断升高,渔用燃油成本越来越高,现如今燃油成本已经占到生产成本的六成以上,甚至部分已经占到生产成本的七成以上,大大加重了渔业生产成本。再加上海洋渔业资源日益衰退,市场不景气,很多渔民已承受不起这一高昂成本。为了化解这个矛盾,国务院在 2006 年实施了渔业油补政策,补助对象包含符合条件并且依法从事国内海洋捕捞、远洋渔业、内陆捕捞与水产养殖且使用机动渔船的渔民与渔业企业,对全国上千万的渔民而言,可以称为"及时雨"。

油补政策对促进渔业稳定发展、减少渔民生产成本、增加渔民收入和维护渔区的稳定起到很大作用,得到渔民的大力支持,但是其中也出现了一些问题,巨额的油价补贴刺激了新一轮的造船热,也刺激了海洋渔业的迅猛发

展,造成渔业资源衰退,还出现了油补工作违纪行为,并且惠及面窄。为了解决这些问题,保护海洋生态环境,推动渔民转产转业,促进渔业经济的可持续发展,2015 年 6 月 25 日,财政部和农业部联合发出通知,决定从 2015 年起,对油补政策做出以下调整:用 5 年左右的时间,将油补水平降到 2014 年油补水平的 40%;油补资金的有关支出不再与用油量挂钩;将减船的补贴资金从 2500 元/千瓦提高至 5000 元/千瓦,还给予渔船拆解一定补助;并且加大对标准化渔船和深水网箱等现代渔业装备的投资力度。

通过油补政策的调整,力争到 2019 年,省内捕捞渔船总数与功率数都有所降低,捕捞渔船迅速无序增长的局面得到遏制;"三无"渔船全面取缔,"绝户网"等对资源破坏力极大的生产方式基本清除,非法捕捞基本消失,初步形成控制捕捞强度的有效机制;渔民生活水平进一步提高,渔区基础设施进一步完善,基本上实现规范有序的生产、合理开发利用海洋资源、海洋环境良好、人民生活水平不断提高的健康平稳发展目标。

二、浙江对渔业油价补贴政策的实施现状

以浙江省温岭市为例。2006 年到 2013 年中央财政累计安排渔业油补资金 1242 亿元,其中温岭市共分配到补助款 50.67 亿余元,逐年总体呈递增趋势。其中 2008 年和 2011 年增长值为两个高峰,2008 年较上年增长率高达 120%以上。

浙江省各个市(县)油补资金的增减趋势和温岭市非常相近,基本上都是每年呈递增趋势,渔民对油补金额普遍感到满意。而油补金额越多,意味着出海捕捞的船越多、用油量越多,也意味着对浙江省近海渔业资源与海洋生态环境的伤害越大。

三、原有渔业油补政策存在的问题

第一,刺激了新一轮的造船热,海洋捕捞强度继续扩张。出台渔业油价补贴政策的初衷当然是好的,问题在于,由于柴油补贴额度的不断增加,广大捕捞渔民(准确说是捕捞业主)得到巨大实惠,渔民的造船热情也更高了。为了得到丰厚的燃油补贴,不是传统渔民的人也买船捕鱼,从而进一步刺激了新一轮的造船热和海洋捕捞强度的继续扩张。

捕捞渔业补贴政策,大致上可以分为三种:"收益提高型补贴""成本降低型补贴"和"捕捞能力削减型补贴"。油补政策属于典型的"成本降低型补贴",这种补贴形式同"收益提高型补贴"一样,有一个致命的弱点,就是无论渔业资源是处于开发不足状态,还是已处于过度捕捞状态,都只会进一步加剧对渔业资源的利用。

第二，刺激了海洋渔业的迅猛发展，造成渔业资源衰退。"东海无鱼"这一局面众所周知，造成今天这种结果的原因非常多，例如过度捕捞、环境污染、渔船的作业方法、网目太小等等，而最重要的原因是渔船的数量多与功率大。证书的马力指标与主机马力愈来愈大。渔用柴油机的实际功率不仅被制造厂大大低标（随意标注柴油机型号或铭牌功率），而且各省的认定标准又存在很大的差异，相当数量的"大机小标"由此披上了合法的外衣，结果是，当大批渔船"拆旧建新"后，即使未新增功率指标，渔船实际功率也已经大大增加了。不得不承认，原有的油补政策刺激了海洋渔业的迅猛发展，造成了渔业资源的严重衰退，本来油补政策的初衷是为了减轻渔民的压力，是一个很好的政策，但是却造成如此大的不良影响，值得我们深思。

第三，渔业资源平均营养级水平不断下降。近几十年以来，东海海洋生物资源的平均营养级在不断下降，大致情况是，20 世纪 60 年代在 3.83 级、70 年代 3.80 级、80 年代以后在 3.5 级左右波动；这还是渔获物成体的营养级变动，如果考虑到渔获物中幼鱼比例大幅增加，则近年营养级实际已降至3.5 级以下。正是平均营养级水平不断下降所导致的低营养级生物不断增加的效应，令捕捞渔民觉得"资源专家在忽悠我们"，并直接刺激和支撑了海洋捕捞能力的持续扩张。如果无度掠夺的欲望再不加以克制，渔业资源再不加以养护和修复，由 3.5 级再低下去，渔民能够捕到的将会是一些只能做饵料、做鱼粉的"垃圾鱼"，近海海域也将变成赤潮频发的死水潭和"大酱缸"。

第四，造成部分渔民依赖油价补贴的现状。渔业油补本是一项为了减轻渔民生产成本的惠民政策，但经过近十年的实施，在增加渔民收入的同时，也让许多渔民对油补资金产生了依赖心理。据走访和问卷调查，面对近海渔业资源每况愈下的局面，如果不发放油补资金，很多渔民出海捕捞会入不敷出，正是因为每年有大量的油补资金，他们才能够取得收益；假如油补资金补贴力度很小，很多渔民表示无法再出海捕鱼，只能另谋出路。

第五，租用渔船买燃油者远离补贴，惠及面窄。油补政策规定只有符合条件的渔民才能领取补贴，即渔船合法和证书齐全有效。这就出现一些问题，有些上了年纪的渔民却不能出海捕鱼了，把自己的渔船租给其他人出海捕鱼，自己仍然能够得到燃油补贴，而那些实际上出海捕鱼使用燃油的渔民却并未享受到补贴。国家对新增渔船的控制较为严格，很多无船渔民和新生渔民只能通过给别人打工或租赁渔船才能出海捕鱼，但他们并不能享受到国家的渔业燃油补贴。同样都是渔民,那些有船的渔民年年能拿补贴,只是多少的问题,然而那些没有渔船的渔民却不能享受任何补贴,这与国家施行渔业油补政策的初衷相矛盾。

第六,出现油补工作违法行为。由于多种因素,油补领域问题层出不穷,有的甚至酿成违法犯罪案件,已引起各级政府和渔业管理部门的高度重视。主要问题有四个方面。第一,个别工作人员对业务掌握不熟,责任心不强,出现纰漏。如某县有个工作人员把月份"2"写成"12",出现了油补多领多发,被当地检察机关确定为渎职罪,后来由于资金追回才免于被起诉。第二,有些基层干部监管不力,把关不严,徇私舞弊。如2007年舟山市某县某镇两个渔业村的村办会计,利用职务之便对村里遗留下来的捕捞许可证(无船无主)进行申报补助,从而因为私吞油补资金被追究刑事责任。第三,政策制度上概念模糊,标准不同,难以把握。如2009年舟山市某区某镇出现一起个别船只被冒领油补资金的情况,由于信息不灵船主没拿到款,可村里告知船主已签名领走款。第四,公示、资金管理等其他环节上也存在风险隐患。如2014年舟山市某县某镇某村群众实名举报该村书记和会计两人合伙贪污柴油补助款。

四、渔业油补新政的正向作用

第一,加速浙江渔场的修复振兴。过去的渔业油补政策与渔业资源养护政策不协调,与渔民减船转产政策发生"顶托"。油价补贴新政大大降低了渔民增船功率的动机和动力;将减船的补贴资金从2500/千瓦提高至5000元/千瓦,还给予渔船拆解一定补助,这将很大程度上提高渔民减船转产的积极性,加快渔民减船转产项目的实施进度,还有助于压减过剩的海洋捕捞产能,使得捕捞强度能够适应渔业资源的再生能力。与此同时,大力鼓励建设人工鱼礁和积极修复海洋环境的政策,也将加快浙江渔场的修复振兴的步伐。

第二,惠及渔民群众。过去的油补政策,完全依据"谁购买柴油、谁享受补贴"的原则进行补助,惠及面窄。油补新政按渔船的作业类型与大小分档进行定额测算,这样就会逐渐减少捕捞业尤其是大中型商业性渔船的补贴规模,对大中型的渔船实行补贴上限限制,对小型的生计渔船给予一定的照顾,明确政府在保障渔业经济平稳健康发展的基础上维护好社会稳定,给予减船弃捕的渔民就业指导和扶持,并发放休禁渔期生活补助等,这一举措将会调整国民收入的再分配,直接惠及广大渔民群众,推动渔区早日实现小康。

第三,捕捞作业结构调整。渔业油补新政把养护渔业资源放在首位,综合考虑各方面因素,按照渔船的作业类型与分档大小进行定额测算,逐渐把对海洋生物资源杀伤力大的作业方式淘汰掉,如三角虎网、帆张网和双船底拖网等,着力打造安全环保和高效节能的新型渔船。此次政策具有明显的导向性,有助于走向环境友好型和资源节约型的道路,推动修复振兴浙江渔场目标的实现。

第四,减轻渔民对油补的依赖性。渔业油补新政规定补贴力度不与用油量挂钩,而且规定到 2019 年把油价补贴标准降到 2014 年油补水平的 40%,渔民拿到的补贴将远远低于 2014 年以前的。这也就意味着,渔民不能再像以前那样依赖油补资金了,有些入不敷出的渔民将会考虑退出捕捞大军,进而转产转业。

第五,提升渔业综合素质。油补新政将补贴的额度脱离油价与用油量,采取专项与一般性转移支付结合起来的政策。把 2014 年的清算数作为基数,专项转移支付资金占总数的 20%,用来补贴减船转产的渔民和渔船更新改造等所需费用;一般性转移支付资金占总数的 80%,由地方政府进行支配,主要用来补贴渔民的生产成本和转产转业等。与原有油补政策非常不同的是,地方政府支配着大部分资金,这将有利于地方政府结合本地区的特点进行资金分配,也将进一步推动渔船的更新改造、渔政的现代化建设、渔港的航标建设与水产养殖基础设施的建设等,与"生态优先和养补结合"的发展思路高度契合,从而进一步提高渔业产业的综合素质与管理能力,推动渔业的治理能力走向现代化。

五、渔业油补新政可能产生的负面影响

第一,可能影响渔民增收。渔业油价补贴直接抵消了一部分因油价上涨而增加的生产成本,直接促进了渔民增收,尤其是在渔业资源越来越短缺的情况下,渔民对油补资金的依赖性越来越强。据走访和问卷调查,渔民对原有的补贴力度基本满意,而新政策力图到 2019 年把油补资金降到 2014 年的 40%,油补资金将逐年减少,这势必会大大增加出海渔民的生产成本,给渔民增收带来一定的影响。

第二,可能影响渔区稳定。渔船是渔民群众的最主要生产资料,很多渔民把家庭财富都压注到渔船上,海洋捕捞业盈利,渔船就会大幅度升值,反之亦然。近年来,受渔业资源严重衰退的影响,海洋捕捞渔船船价在缩水,

功率指标的市场价格从 2014 年的上万元/千瓦下降至目前的 7000 元/千瓦左右,尤其明显的是三角虎网作业渔船,目前市场价格只有 600 万左右,船价拦腰斩断。油补新政的实施将大大降低捕捞、大中型商业性和损害资源作业类型渔船的预期补贴,渔船的功率指标与船价仍会继续走低,可能会引发渔区的债务纠纷,引起渔民的不满情绪,给渔区稳定带来一定的压力。

第三,可能影响渔业管理。给渔业管理带来一定的难度主要表现在以下三个方面。一是可能会对"船证不符"整治带来难度。油补新政实施不因补功率而增加生产成本的政策,意味着船主补足功率的意愿可能会减弱;如果实施"多休减捕"方针,可能会导致渔民的认可度不高。二是可能会给违法管理带来难度。油补新政没有明确补贴和安全生产以及渔政执法挂钩,地方政府还有很大空间对政策进行调整,与此同时补贴的金额减少了,可能会加大渔民和相关管理部门之间的"博弈"空间,从而为违法违规事件的管理增添压力。三是可能会增加后续管理难度。油补新政要求逐渐淘汰掉那些对资源杀伤力大的作业方式,为了逃避,不排除渔民把帆张网改成流动张网,把双船底拖网改成单拖网,但在实际生产过程中,可能会延续原有作业方式,加大后续管理的难度。

六、完善渔业油补新政的建议

第一,完善补贴扣减政策。油价补贴政策实施已有十年之久,已经普遍被广大渔民认可接受,并且成为相关管理部门的辅助管理方式。油价补贴新政虽然并没有直接提到渔业生产成本的补贴与扣减政策,但是给地方管理部门留下了很大的自主空间。建议继续实施稳定连续的政策,保留原有的补贴扣减政策,并进一步完善,使其为修复振兴浙江渔场做出更大贡献。尤其注意要和"一打三整治"行动有效结合起来,建议对于在捕捞作业过程中使用禁用渔具或使用非准用和过渡渔具的渔船,应该全额取消其当年渔业油补。对于"船证不符"的渔船在"多休减捕"期间进行捕捞生产的,和擅自调整捕捞方式尤其是依然采用原来的双船底拖网、帆张网、三角虎网等违规渔具作业的,建议全部扣除其生产成本补贴。同时建议对"多休减捕"的渔船发放生产成本补贴,倒逼"多休减捕"的渔船补齐功率指标,确保对"船证不符"的渔船整治落到实处。

第二,合力降低捕捞强度。油补新政是修复振兴浙江渔场的重要组合拳。地方要按照浙委发〔2014〕19 号文件要求到 2017 年减少 50 万千瓦以上海洋捕捞产能,制定分阶段的实施计划。虽然减船补助标准从 2500 元/千瓦提高到了 5000 元/千瓦,但是依然远远低于市场价格,建议地方相关管理部门增大补贴力度,并且不断随市场变化做出一定调整。要充分发挥政策的导向作用,加快老旧渔船的改造进度,在改造老旧渔船时消化利用过剩的产能,逐渐解决"大机小标"的问题。利用油补的经济杠杆,使逐渐淘汰对渔业资源杀伤力大的禁用渔具和作业方式落到实处,从而使捕捞作业结构得到优化。利用油补新政为减船上岸的渔民提供就业扶持、教育培训与渔港和水产养殖基础设施建设等,努力创造条件使转产的渔民有更多就业机会,预防捕捞强度反弹。

第三,加强项目筛选实施。油补新政最大的亮点是把专项转移支付资金与一般性转移支付资金有效地结合起来了,要想使两者得到落实,项目是抓手。首先要建立项目库,利用政策导向,建立渔民减船转产、渔船更新改造、休禁渔补贴、渔业资源养护、渔政信息化建设、渔港航标建设和水产养殖基础设施建设等项目库,不仅要有效合理分配中央 20% 的专项转移支付资金,也要为有效合理利用地方 80% 的一般性转移支付资金打下良好基础。其次要加强项目筛选,围绕修复振兴浙江渔场这一目标,把公益类与准公益类项目放在重要位置,使更多的渔民能够享受到一般性转移支付带来的益处;竞争类项目可以采用市场竞争机制进行分配,把专项资金的分配从"一对一"变为"一对多",避免"天女散花"。最后是要加强全程监管,原有的监管模式是事先立项进行监管,缺乏事中和事后监管,要改变这一状态,加强事中和事后监管力度,针对列入扶持的项目实施动态管理制度,进一步强化项目验收与管理绩效评价,保障项目资金安全的同时使效益得到最大发挥。

第四,预防油补工作违法违纪。油补工作体现了中央对我国渔民群众的深切关心,体现了中央实行的"惠渔"政策,也是关乎渔区稳定大局、触动渔业主管部门的神经、保障渔民群众和渔业企业生产权益的大事。因此,要切实加强油补工作的风险防控,明确责任分工,细化监管措施,认真落实好国家的油补政策。

第五,推进渔民养老保险工作。社会保障是民生之安。党的十八大提出把统筹推进城乡的社会保障建设作为改善民生与加强社会建设的重要内容。改革开放以来,传统渔民和渔业为工业化和国民经济发展做出了重要贡献,而如今,大部分传统渔民渐渐衰老,有些晚年生计都难以维持。推进渔民养老保险工作,不但有助于减轻渔民对渔业资源的依赖,促进渔民弃捕转产的步伐,而且有助于缓解人口老龄化带来的矛盾,从而有助于促进渔区稳定。因此,要吸取各地成功经验,努力推进渔民养老保险工作进入正轨。

第六,促进渔船节能减排,大力推广现代化装置。绿色、环保已成为海洋渔业经济健康持续发展的标签,然而我国渔船的节能减排装置安装得不多,而且有关部门监督管理的力度也不够,油补新政也提到了要增加现代化设备的投入力度。建议借助油补新政这一契机,大力推广节油装置和现代化渔具等设备,并提高渔民的综合素质,打造一批现代化渔民。

第七,鼓励渔民发展远洋渔业。捕捞渔船方面,在实施“控制渔船马力指标与捕捞强度”的前提下,应规定:新增加的小马力渔船不享受油价补贴,以此来遏制小马力渔船的大量增加,起到保护近海渔业资源的作用;相反,新增加的大马力和玻璃钢质渔船能够继续得到油价补贴,并且可以适当地增加补贴额度,目的在于引导渔民建造大马力和玻璃钢质渔船,投身远洋渔业,从而减少对近海渔业资源的影响。日本在发展远洋渔业方面取得了巨大成就,特别是对渔场鱼群的探索,能够使渔船用最经济的速度直接赶往作业的渔场,使燃油用量减少了10%,不仅节省了生产成本,节约了生产时间,同时也增加了渔民收入,可以借鉴。

海洋捕捞业比较效益在下降,要不是有高额油价补贴,渔船船主已支付不起越来越高的雇工工资。若干年后,找不到外地民工将是海洋捕捞业面临的一个很重要的制约因素。唯一可走的道路是发展远洋渔业,这仍是一项大有可为的事业,但这一方面需要政府积极引导,另一方面也需要渔民个人有勇气走出去。从浙江实际情况看,能出去的差不多都已经出去了,剩下的那些十余年来已习惯于单打独斗、小富即安的个体分散渔民,很少有魄力能走出这一步。

第三节　浙江渔场修复的主要经验

浙江省通过近几年持续的严打严控,极大地震慑了各类违法违规行为,浙江渔场生产秩序有所好转,偷采红珊瑚等涉外非法捕捞行为得到有效遏制,渔船安全生产事故明显减少;打破了一直以来国内海洋捕捞“无序、无度”和“不敢管、管不了、管不好”的局面,开启了海洋渔业法治化航程,得到渔民群众的坚决拥护和社会各界的广泛支持,也得到了国家领导和农业部、中央海权办等部门的高度肯定。取得这些成绩的原因,关键在于坚持法律面前人人平等,对“三无”渔船等违法行为,统一处置、不开口子;坚持依法处置与有效救助分开,执法监管和民生保障“两手抓”;坚持发挥联合执法优

势,高压严打综合管控。具体来说,浙江渔场修复的主要经验有:

第一,加强领导,落实责任。2014 年浙江省委十三届五次全会做出的
"关于建设美丽浙江创造美好生活的决定",将浙江渔场修复振兴作为近期
要取得突破的重点工作,要求着力建设海上粮仓,找回东海"这条鱼"。省委
书记夏宝龙明确指出,要把"一打三整治"作为浙江转型升级组合拳的重要
一招,不获全胜绝不收兵;省政府常务会议专题研究,省长李强在《政府工作
报告》中明确提出要"修复振兴浙江渔场"。省委、省政府专门印发《关于修
复振兴浙江渔场的若干意见》(浙委发〔2014〕19 号),成立了由省委副书记、
副省长任正副组长,政法、宣传、综治、信访、经信、公安、财政、交通、商务、工
商、海事、边防、海洋与渔业等 28 个省级相关部门和沿海四市党政负责同志
为成员的行动协调小组,落实部门职责和属地责任,制订考核办法,对沿海 6
个市、30 个县下达年度任务书,并列入"平安浙江"和各市政府目标责任制考
核,明确提出"要以铁的决心、铁的行动、铁的纪律,实施铁腕治渔,建设'海
上粮仓'"。

三年多来,省委、省政府领导亲力亲为、以上率下,深入渔区、深入基层,
深入矛盾最尖锐、任务最繁重的地区督查调研,狠抓推进;省人大、省政协专
门组织开展对口指导和协商,在法律保障、提案建议等方面,对"一打三整
治"工作给予大力支持。沿海各地党委、政府积极响应,各级党政一把手亲
自挂帅、亲自研究、亲自处置,建立组织机构,健全工作机制,落实责任举措,
确保任务到乡镇、落地到村船,为强势推进渔场修复振兴暨"一打三整治"专
项行动奠定了基础。

第二,统筹谋划,政策支撑。"一打三整治"作为几十年来"头一遭"的工
作,推进过程中不可避免会遇到许多困难和阻力。行动初始,一些基层干部
不理解、有抵触,取缔"三无"渔船有难度;海上暴力抗法、暴力逃逸现象严
重,执法有难度;违规违禁渔具量大面广,整治有困难。为此,浙江省把制定
落实政策作为关键点,在广泛听取基层干部和渔民群众意见建议的基础上,
坚持以法治思维和法治方式,研究制定了"一打三整治"工作方案,以及涉渔
"三无"船舶拆解取缔、禁用渔具整治、渔船制造审批等一批政策和工作规
则,明确涉渔"三无"船舶必须按照"全面、干净、彻底""可核查,不可逆"的原
则,不管新老大小,不管是本地的还是外来的,不管是在海上的还是已在港
口的,一律查扣、限期取缔;对制售使用地笼网、串网、电脉冲等禁用渔具的
行为,一律从重打击、全面清理。建立健全"三无"渔船取缔、违禁网具清理
等工作信息和进展情况通报机制,通过"旬通报、月督查、季点评"办法,将各

地工作实绩与用海指标安排、涉海涉渔项目支持等相挂钩,在全省形成了比学赶超、加快推进的良好格局。

第三,堵疏结合,打转并举。浙江紧紧围绕市场、渔场、船厂,以加强伏休监管为契机,大力开展"清海""清港""清网""清市"综合执法,严惩非法造船、非法制售渔具、非法供油供冰、非法捕捞、非法购销渔获物、非法采捕红珊瑚等行为,清理地笼网、电脉冲等绝户网类渔具,形成了"海上打、港口堵、市场查"的全方位、立体式打控格局,全面挤压违法活动空间,彻底掐断"黑色产业链"。

由于"一打三整治"行动涉及沿海广大渔民群众的切身利益,稍有不慎,容易影响渔区社会的稳定。对此,浙江省高度重视,沿海所有县(市、区)都出台了转产帮扶、养老保险、促进渔民就业等具体措施,鼓励"三无"船主"以主动弃捕换养老、换补助、换再就业",着力保障生计渔民的生产生活。如象山县拿出 1.2 亿元专门用于扶持渔民转产和生活补助,温岭、玉环、临海等地在解决渔民养老保障方面积极探索,苍南县调拨 600 多个岗位安排"失船"渔民再就业。通过引导,全省 79.6% 的涉渔"三无"船舶的船主愿意主动将船上交政府处置,"一打三整治"行动开展以来,沿海渔区形势总体平稳。

第四,各方联动,形成合力。省级有关部门立足各自职能,各司其职、各负其责,协同发力。省委组织部将"一打三整治"相关工作内容列入群众路线教育活动"回头看"的内容之一;省委宣传部组织各家媒体深入基层、开设专栏、广泛宣传,营造良好的社会舆论氛围;省政法委协调公、检、法等司法部门,出台"八部门联合通告""行司结合指导意见",促进了渔业执法与刑事司法的有效衔接;省发改委、财政厅对资金项目给予保障;省人社厅等部门积极研究,推动渔民养老保障工作;省教育厅、团省委等单位组织大学生志愿者开展拯救渔场暑期社会实践活动;渔业、经信、公安(边防、海警)、商务、工商、安监、海事等部门建立了联勤执法机制,分别牵头开展涉渔生产经营领域"五大"执法行动和打击非法采捕红珊瑚行动;信访、金融办等部门都尽心尽力,全力支持浙江渔场修复振兴工作。此外,福建、江苏、上海等省市渔业部门积极协助浙江省,合力围堵、追捕逃至省外的涉渔"三无"船舶。

第五,宣传造势,营造氛围。渔场修复振兴,特别是"一打三整治"行动离不开普遍认同的社会氛围,为此浙江省把宣传渔场修复振兴作为增强全民海洋意识的重要抓手,按照"打击一批、团结一批、争取一批"的工作方针,全方位、多形式、针对性地开展宣传教育活动。一方面加强对捕捞渔民、渔运船主及涉渔企业的法规宣传教育,进村、入户、上船、到厂开展政策解读,宣传"保资源就是保饭碗""偷捕可耻、违规重罚""酷渔滥捕、祸及子孙"等思想;另一方面加强舆论引导和社会监督,让社会各界都了解"东海无鱼"的严重性、"竭泽而渔"的危害性和渔场修复的重要性,树立守法捕鱼、诚信经营的正面典型,曝光违法违规案例,建立监督举报机制,营造人人关心、支持渔场修复振兴的浓厚氛围。

下一步,浙江省将进一步深化"一打三整治"专项执法行动,继续进行浙江渔场修复工作,着力完善依法治渔制度体系,下大力气抓好渔民生计保障,切实将"一打三整治"工作进行到底,积极探索一条资源、环境、产业、民生统筹协调的发展新路子,为促进浙江渔业可持续发展,让渔区渔民过上美好生活,做出应有的贡献!

第四章　浙江渔场修复的长效机制研究

第一节　浙江渔场修复长效机制的特点、内涵及意义

渔业资源的保护和利用是个长期的过程。目前采取的各项政策均是依托特定的项目进行,政策实施也均具有一定的期限,缺乏渔场修复的长期性和稳定性。

从一般意义上来说,长效机制就是能保证事物各组成因素的结构、功能实现最佳效果的作用过程和作用原理,简单地说就是"带规律性的最佳模式"。渔场修复的过程包括多个维度(生态、经济、制度、技术),跨越多个层次(微观、中观和宏观),涉及多个主体(政府、渔业企业、渔民),涵盖多种环节(生产、分配、流通、消费),包含多种要素(资本、技术、人口素质、环境意识、产品、产业等),其既是一项复杂的系统工程,也是一个渔业系统变革和调整的长期、持续性过程,需要建立起切实有效的长效机制。渔场修复的长效机制是指能长期保证渔业资源的正常、可持续利用的制度体系,能促进渔场生态和环境实现最大效用的运行体系。在渔场修复的长效机制具体要求上,一是要有比较规范、稳定、配套的制度体系;二是要有推动制度正常运行的"动力源",即要有出于自身利益而积极推动和监督制度运行的组织和个体。长效机制不是一劳永逸、一成不变的,它必须随着时间、条件的变化而不断丰富、发展和完善。

强调长效性,就是要保证修复投入的长效性和获得效益的长效性,确保

政策和实施的一贯性、不反弹,确保渔业资源保护和利用的可持续性。从渔场修复需要的规范、稳定、配套的制度体系以及推动制度正常运行的"动力源"方面入手,建立渔场修复的长效机制,通过规范性、稳定性和长期性运作的一系列制度,达到渔场生态和谐、资源平衡、利益保障的目标,顺应渔业资源和生态环境本质属性的路径,从而为渔业发展、海洋经济推进提供基础和保障。

目前实施的"一打三整治"专项执法行动是政府在修复渔场意见中提出的重点行动之一。按照计划的要求,从 2014 年开始,用 3 年左右的时间,在沿海组织开展以严厉打击涉渔"三无"船舶及其他各类非法行为、整治"船证不符"捕捞渔船和渔运船、整治禁用渔具、整治海洋环境污染等为主要内容的"一打三整治"专项执法行动。原定目标是到 2015 年,打击取缔涉渔"三无"船舶取得阶段性成果,"船证不符"捕捞渔船、渔运船基本整治到位,非法捕捞行为、捕捞能力无序增长和渔业资源恶化态势得到有效遏制。目前来看该目标进展顺利,行动计划中的"三无"船舶及其他各类非法行为、"船证不符"捕捞渔船和渔运船、禁用渔具将基本消失或者十分罕见,行动计划中采取的过渡性办法及一些补偿的做法也将退出历史舞台。因此,下一步的行动中需要巩固专项行动的建设成果,有针对性地研究如何不让这些"三无"船舶、禁用渔具等死灰复燃,研究如何应对生态保护的深层次矛盾,建立起确保渔业资源可持续发展的良性循环,这必然需要建立渔场修复的长效机制。

实现渔场振兴,修复保护海洋生态环境是一项长期的任务。专项活动可以达到短期性的目标,但这远远不够,必须创新运用政策工具,积极谋划"组合拳",综合施策,全面治理,构筑新常态下依法治渔、转型富渔、修复振兴渔场的长效机制。

如何建立行之有效的渔场修复长效机制,是国内外渔场修复理论和实践中的一个具有长期挑战性的课题,关系着渔业政策的方向和重点、政策实施的效果和效率、生态文明建设和可持续发展的永续性的关键问题。因此,探讨和建立公平性和长效性相结合的渔场修复长效机制,是协调渔业资源的多重功能、实现生态生产生活"多赢"、确保渔业资源保护利用可持续性的重要手段。

第二节　浙江渔场修复长效机制的目标和具体内容

浙江是全国渔业大省,渔业各项事业一直走在全国前列。浙江渔场修复必须贯彻习总书记"干在实处永无止境,走在前列要谋新篇"这一对浙江发展的定向指导,推动渔业进一步创新发展,转型发展,可持续发展。

浙江渔场修复长效机制的指导思想是,深入贯彻党的十八大和十八届三中全会、四中全会、五中全会精神,认真落实习近平总书记系列重要讲话精神和"四个全面"战略布局,以"创新、协调、绿色、开放、共享"五大发展理念为统领,适应经济发展新常态,紧扣转型升级主题,突出"供给侧结构性改革"和"法治建设"两大主线,着力发展现代生态渔业,着力加强资源环境保护,着力推动体制机制创新,着力建设美丽和谐渔村,努力实现修复振兴浙江渔场和渔民全面小康,积极探索一条资源、环境、产业、民生统筹协调的渔业转型升级新路子。

一、浙江渔场修复长效机制的目标

浙江渔场修复长效机制的目标基本也是渔场修复的主要目标。浙江渔场修复长效机制的总体目标是,通过五年左右的时间,以"渔业转型发展先行区""海洋生态文明建设示范区""平安渔业达标县"等"三大创建"活动为抓手,全面推进渔业转型升级,努力实现生产规范有序、资源科学利用、生态保持稳定、民生不断改善的转型升级目标。

浙江省委、省政府提出的渔场修复的具体目标:到2017年,涉渔"三无"船舶全面取缔,杜绝非法捕捞,国内海洋捕捞渔船转产退出机制初步建立,全省压减海洋捕捞产能50万千瓦以上,4年累计增殖放流水生生物苗种60亿尾(粒),浙江渔场渔业资源水平力争恢复到20世纪90年代末的水平。到2020年,防控涉渔"三无"船舶和"船证不符"捕捞渔船长效机制基本建立,海洋捕捞产能进一步压减。基本建立渔业资源科学利用、依法管控的长效机制,全面建成资源与环境动态监测体系,渔船、渔民服务管理信息化、智能化,直排海污染源稳定达标排放。建成15个海洋保护区、9个产卵场保护区、6个海洋牧场,累计增殖放流各类水生生物苗种100亿尾(粒)。浙江渔场渔业资源水平力争恢复到20世纪80年代末的水平,海洋捕捞与资源保护步入良性发展轨道。长效机制的目标就是要确保在达到2020年目标的基础上,形成符合渔场生态特点的利用机制,实现渔场的可持续发展,成为海洋经济时代的坚实保障和基础。

分项来看,浙江渔场修复长效机制的具体目标有:

第一,涉渔"三无"船舶全面取缔,杜绝非法捕捞,"绝户网"等掠夺性生产方式基本整治到位,全省力争压减海洋捕捞产能 50 万千瓦,海洋渔业捕捞产能与浙江省资源状况基本匹配,海洋渔业资源实现可持续利用;

第二,渔船"船证不符"现象基本根治,全省 12000 艘海洋捕捞大中型渔船按章生产,有序管理;

第三,直排海污染源稳定达标排放,海洋生态环境稳中趋好;选划新建一批海洋保护区,划定 9 个产卵场保护区,使浙江省海洋与渔业类保护区总数达到 18 个以上,保护区面积占浙江省管辖海域面积 11% 以上,累计增殖放流水生生物苗种 100 亿单位,资源环境保护步入良性发展轨道;

第四,养殖空间规划布局合理,禁限养区长效机制完善,各类资源节约环境友好型模式技术全面推广普及,生态养殖小区养殖尾水处理率达到 90%;

第五,渔业生产供给侧结构性改革取得突破,建设现代生态养殖业,组建强大的远洋捕捞船队,发展赶超世界先进水平的水产品精深加工业,基本建立与资源环境相协调、监管能力相配套、发展水平相适应的现代渔业产业格局、经营体制和治理体系。

第六,渔民生产生活条件显著改善,渔民人均纯收入年均增长 7% 以上,确保渔民收入实现提前翻番,基本形成"渔场富饶、渔村美丽、渔民幸福、人海和谐"的发展新局面。

表 4-1 "十三五"浙江渔场修复长效机制的主要指标

指标类别	主要指标	2015 年数据	2020 年目标
产业转型指标	渔业增加值/亿元	503	达到 555
	渔民人均纯收入/元	21514	达到 31000
	海洋捕捞渔船累计压减产能/万千瓦	〔50〕	〔50〕
	特色渔乡小镇/个	/	30
	水产品总产量/万吨	602	稳定在 600 左右
	国内海洋捕捞产量	336.7	减少到 260 左右
生态指标	增殖放流苗种/亿单位	〔103〕	大于〔100〕
	海洋保护区面积/平方千米	〔2718〕	达到〔5000〕

续　表

指标类别	主要指标	2015 年数据	2020 年目标
	渔场安全事故指标下降百分比/%	11	15
安全指标	灾害性海浪预警报准确率/%	84	88 及以上
	水产品产地抽检合格率/%	98.9	≥98 及以上

注：带□的为五年累计数；灾害性海浪预警报准确率为五年平均值。
本规划表格所列指标均为预期性指标。

综上所述，浙江渔场修复长效机制的核心思想是要建立一个多元协同的长效机制，建立能达成渔场修复目标的机制架构，即要有主体源作为长效机制的组织基础，要有动力源作为长效机制的驱动力量，要有制度源作为长效机制的保障体制，可以长期巩固渔场修复成果，为渔场恢复正常状态起到基础性的支撑和保障作用。

二、浙江渔场修复长效机制的管理重点

围绕海洋生态文明建设和浙江海洋强省发展战略，遵循渔场资源"强化管控、保障重点、优化利用、提高效率"的理念，浙江渔场修复长效机制的管理重点是聚焦"一港两区四域六湾"的区域管理，全面提高海洋资源保护与利用水平。

第一，聚焦"一大港"。以宁波舟山港为主体，以浙东南沿海港口和浙北环杭州湾港口为两翼，加强全省海洋港口一体化建设要素保障力度，支持港口码头、航道锚地、港口集疏运体系、港航物流、临港制造业等海洋港口重大项目，优先安排用海用岛指标。探索研究海岸线资源收储机制，统筹管控全省重要深水岸线和相关海域、土地等重要资源，提高岸线有效管控和供给水平，促进海洋港口资源整合，助力打造舟山江海联运服务中心。

第二，服务"两个区"。以服务海洋经济发展示范区和舟山群岛新区建设为重点，围绕"两区"规划布局，提高海洋资源要素供给质量和效率，推进存量消化和增量优化。注重建立以海洋空间要素引导多元社会资本参与海洋经济发展的机制，加强海域、海岸线、海岛资源统筹和高效利用，形成海陆协同、科学高效、开放有序的海洋资源利用格局。

第三，优化"四区域"。坚持海域、城市、产业协调规划、协同发展，统筹融合海洋基本功能区、海洋主体功能区、土地利用功能区、城市发展功能区、生态功能区等建设功能布局，强化区域定位，优化利用秩序，调整开发强度，加强重要海岛开发和无居民海岛保护利用，支持清洁能源、港口物流、绿色

石化、船舶制造、海洋旅游等产业发展,助力舟山、宁波、台州、温州沿海城镇密集区、近海产业带和滨海生态区相融合的区域建设布局。

第四,整治"六港湾"。统筹杭州湾、象山港、三门湾、台州湾、乐清湾、瓯江口等湾区海洋资源,优化基础设施互联、沿湾产业提升、湾区新城建设要素供给,支持打造湾区经济增长极。实施蓝色港湾整治行动,加强用海项目准入管理,严控污染物排放,强化水质环境跟踪监测,加大污染预防与整治,推进滩涂湿地保护,提高湾区管控力度。坚持陆海统筹,落实海洋生态保护区建设计划,实施"美丽黄金海岸带"整治修复行动,打造"滨海生态走廊",构筑坚实的海洋蓝色生态屏障。

三、浙江渔场修复长效机制的具体框架

长效机制的具体框架搭建需要综合考虑机制中的各个要素,创新制度安排,完善以机制建设为核心的顶层设计,实现政府在机制建设中的"宏观上升"与"微观沉降",从上到下进行体系安排实施,充分释放社会公众与基层渔业组织的建设活力,推动建立长效机制。

(一)渔场修复长效机制的框架

在渔业资源和海洋生态良性互动的前提下,应以法律法规的规范和渔民减船转产为支撑,致力于关键矛盾,建立渔场修复的长效机制,见图 4-1。

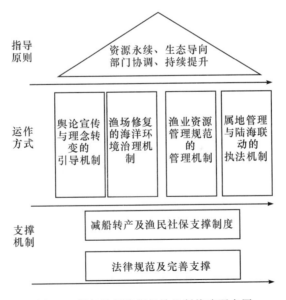

图 4-1　浙江渔场修复长效机制战略要点图

（二）长效机制的内容细化及实施

长效机制的运作方式关系到该机制能在多大程度上起作用，是其中的关键层面，结合目前渔场修复的现状，我们认为其操作要点可以用图 4-2 中的思路来实施。

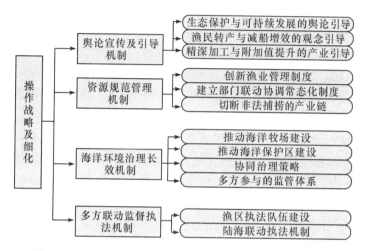

图 4-2　浙江渔场修复长效机制操作战略及运作方式细化图

从具体操作层面上看，应着力规范和实施四大机制。第一，要建立起舆论宣传和理念转变的引导机制。修复渔场，必须强化宣传机制，通过多种方式的媒体宣传，让全社会尤其是渔区群众了解"三无"船只、禁用渔具网具等对渔业资源的灾难性破坏，把渔场修复振兴愿景变为自觉行动，让其逐渐具备转产与减船增效的观念；同时，用经济手段引导企业由水产品初级加工转向精深加工增值，增加水产品科技含量和附加值。第二，建立起渔场资源规范管理机制。运用多种经济和市场手段，创新渔业管理制度，实现海洋渔业管理的根本转变，参考其他国家渔业管理的经验，探索实施间接投入限制的许可证制度，推行总可捕量和配额限额捕捞制度等政策；另一方面，渔场管理涉及多个部门，应通过市场监管部门、工商部门、食品监管部门、环保部门等多部门协作的常态化管理方式，切断非法捕捞的产业链。修复振兴浙江渔场必须坚持长期高压整治。一是打掉海洋非法捕捞的侥幸心理。切实做到海上打、港口堵、市场查"三管齐下"，使非法捕捞无立身之地。二是严厉打击外籍渔船越界偷捕。加强外籍渔船越界偷捕海面巡逻和执法检查，从严从重打击非法造船、捕捞、销售、补给等，切断海洋非法捕捞"黑色产业链"。严格控制渔具网具的规范使用，根绝毁灭性渔具网具。三是构筑起海洋环境治理的长效机制。修复振兴浙江渔场,必须学习美、澳、日、加等国先进经验,把海洋资源保护作为海洋渔业的第一考量。继续加大投入,进行海洋牧区建设、海洋保护区建设,从供给端解决海洋生态和资源供给问题,使得渔业资源进入自然的良性循环中。四是建立起多方联动的执法机制。在海洋相关法规完善的支撑下,管住"三无船"、禁用渔具、禁(休)渔期违规捕捞及海洋污染等,必须严格执法机制,全面推行属地巡查监管,编织起一张政府主导、社会支持、渔民共同参与的监管网。首先,建立一支雷打不动的渔区巡查队伍。发挥渔业乡(镇)、村人熟,了解情况等优势,从其中选取乡(镇)、社区(村)渔区巡查员,采取分片包干、责任到人等方式,规定社区(村)巡查员至少每周对承包区域巡查一遍、乡(镇)巡查员每半月巡查一次,做好信息收集、记录和汇总,建立渔场治理档案。其次,建立陆海联动的执法机制。修复振兴渔场综合治理,海洋渔业部门要挑大梁、负主责,但相关部门必须通力协作。如海洋渔业部门牵头打击非法销售禁用渔具网具,市场监管、公安等部门要密切配合;经信部门牵头打击涉渔船舶非法建(改)造,海洋渔业、市场监管、公安(边防)、海事、安监等部门要通力协作;市场监管部门牵头打击非法渔获物购销、加工和非法供水、供冰,海洋渔业、经信、安监、公安(边防)等部门必须全力以赴。

同时,法律规范及其实施细则的完善和渔民转产及审计保障制度的建立是长效机制发挥作用的支撑体系。

完善法律法规,建立符合长效机制建设需求的资源利用和环境保护法律体系,并确保严格执法,建立健全渔场资源开发和环境保护制度,强化依法治渔,探索综合执法管理体制,建立多部门协同、陆海联动的海上联合执法机制,严格执法,保持"全产业链防控"的严管态势;避免海洋渔业资源重蹈"公地悲剧",必须根绝过度食用免费午餐、"杀鸡取卵"现象,突出政府责任与作用,推进法律法规修订和细则完善。首先,明确界定海洋渔业资源财产权边界。构建私法秩序,发挥"民间法"实效,在捕捞者群体中建立起"习惯权利体系",设置"除权机制"。其次,适时将民间秩序转化为正式制度。再次,推动国家以渔业财产权概念为核心,重新修订1986年制定的已不适应目前形势的《渔业法》。将"民间秩序"纳入国家规范层次和法的范畴。最后,从法律层面对渔民可使用渔具网具进行强制规定。可考虑"电脉冲"、绝户网等毁灭性渔具生产商入罪。

针对性完善减船转产及渔民的社会保障,要配套各项优惠措施,重点完善渔民养老保障政策,切实解决渔民转产转业的后顾之忧。确保在退出后的利益和今后的生计安排、就业方向等,要坚持堵疏结合,提高渔民就业技能,拓宽渔民就业门路,因地制宜引导渔民就近从事海水养殖、远洋捕捞、休闲旅游等产业,有效促进渔民转产转业。必须制定转产补贴、产业扶持、社会保障等一揽子政策,落实财政、信贷、保险、培训等相关优惠。首先,全面推动渔民转产转业。引导渔民从事相关产业,如过洋性远洋渔业、养殖、加工、流通、岛礁养护及海上旅游体验等产业,同时使公益性岗位向渔民倾斜。其次,全面发展远洋渔业。推进渔港经济区建设,拓展远洋渔业发展空间。再次,推动渔家乐休闲旅游业发展。拓宽渔民就业渠道,多举措解决好弃捕渔民生计问题。

四、浙江渔场修复长效机制的主要任务

从浙江渔场修复的管理重点和具体框架可以得出,渔场修复长效机制的任务可以从五个方面着手:依法治渔、协调发展、绿色发展、共享发展、创新引领。

(一)坚持依法治渔,重构资源管控新秩序

继续保持高压态势,大力开展"打非治违"行动,完善渔业监管制度体系,提升管控能力,重建渔场良好作业秩序。

第一,深入推进"一打三整治"行动。继续严厉打击涉渔"三无"船舶及其他各类非法行为,建立涉渔"三无"船舶防控体系,落实属地监管责任,坚决防止反弹回潮;持续开展捕捞渔船"船证不符"和渔运船整治,建立健全捕捞渔船、渔运船更新改造监管体系;坚决打好"幼鱼保护攻坚战"和"伏季休渔保卫战",深化"一打三整治"行动,全面开展禁用渔具整治,坚决打击制造、销售、维修、随船携带、使用国家和省规定的禁用渔具的行为,整治规范捕捞渔船"证网不符""证业不符"等行为,逐步推广使用符合最小网目尺寸标准的渔具;全面开展海洋环境污染整治,清理非法设置的入海排污口,严控陆源污染超标排放、沿海水产养殖和海洋船舶油类污染。

第二,进一步完善渔业治理体系。贯彻实施《渔业法》,围绕渔业资源环境保护、渔业船舶流转、渔业船员管理、远洋渔业发展、水产品精深加工、渔民生计保障等重点,加强法规制度的立改废释,为海洋渔业可持续发展增加制度供给。以基层专业化海洋渔船服务管理组织创建试点为抓手,推进全省统一的海洋渔船管理制度建设,落实服务便民、管理规范要求,渔业、公安(边防、海警)等部门联合开展海上巡航执法,严打严治非法捕捞;经信、工商、商务、渔业等部门分别牵头开展陆域的非法建(改)造渔船、非法供油供

冰及购销渔获物、非法制售禁用渔具等专项行动,掐断"黑色"产业链。推行群专结合监管模式,组织渔民参与协管,加强舆论宣传引导,完善公众举报制度,形成全社会共同关注渔业资源保护的浓厚氛围,构建"政府、社会、渔民"共同参与的渔业治理架构。

第三,加强管控能力建设。建设渔船、渔港、船员综合联动的管理平台,优化渔船、渔港、船员的审批和事中事后监管及违法处罚等工作流程,实现渔港、渔船、船员全程动态监管。建立目标考核、举报奖励、责任倒查、交叉执法、定期通报、奖惩挂钩等工作制度,完善信息交换、联勤执法、应急处置、协助追查、案件移送等工作机制,切实提高监管效率。探索建立渔获物定点投售、实名制加油及供冰(代冻、收购、销售)记录等机制,强化全产业链管控。加强基层渔政执法、渔船检验、渔港监督等基础建设,提高设施装备保障水平。

(二)坚持协调发展,打造渔业产业新格局

着力推动渔业生产供给侧结构性改革,优化平衡渔业产业结构,按照"养殖业提质增效、捕捞业(国内)压减产能、远洋渔业拓展、一二三产融合发展"的方针,出台浙江省渔业转型发展先行区工作实施方案,鼓励创建若干个渔业转型发展先行县,引领全省渔业发展新格局。

第一,促进水产养殖转型升级。以鱼治水,放鱼美景,吃鱼健身,养鱼富民,推动"小鱼"与"山水林田湖"组成生命共同体,提升产业竞争力和可持续发展能力。突出种业优先,大力培育水产种苗育繁推体系和现代种业企业,增强育种和原良种供给能力。结合现代渔业园区、健康养殖示范场等建设,内陆地区大力推广循环水养殖("跑道鱼")等节能减排、节地节水等环境友好型养殖模式;沿海地区发展浅海贝藻、鱼贝藻间养和全浮流紫菜养殖等碳汇渔业和深海网箱(围网)建设。大力推进初级水产品质量安全追溯体系建设,力争5年内90%以上的规模生产主体纳入追溯管理平台。继续实施鱼塘生态化改造、大水面增殖放流、稻鱼共生轮作减排等工程,划定水产养殖禁限养区,持续开展渔业环境监测,严厉整治乱用药、施肥养鱼、尾水直排等行为,推广配合饲料替代冰鲜鱼投饵,降低养殖生产活动对水环境的负面影响,建设生态、安全、优质、高效的现代水产养殖业。

第二,推动国内海洋捕捞减船转产。以渔业油价补助政策调整为契机,在中央减船转产补助标准基础上,支持地方统筹资金提高补助标准,用市场化手段赎买渔船和功率指标,着力压减海洋捕捞产能,力争到2020年浙江省沿海国内捕捞渔船产能压减 50 万千瓦,逐步实现海洋捕捞强度与渔业资源再生能力相协调。

第三,规范发展远洋渔业。规范发展远洋渔业,编制远洋渔业发展"十三五"规划,组织实施远洋渔业拓展工程。鱿鱼等大宗远洋产品顺应市场需求积极稳妥去除库存,着力延伸产业链和价值链,激发主体活力,持续增强浙江远洋渔业市场竞争力和发展后劲。

第四,促进一二三产融合发展。大力培育渔业专业合作社、家庭渔场等新型渔业生产经营主体和多元社会化生产服务组织。以资本为纽带,完善产业化利益联结机制,推进一二三产业有效衔接,不断延长渔业产业链,促成新融合,创造新供给,释放新需求。

大力发展水产品精深加工。按照水产品深加工赶超世界先进水平的战略目标,编制水产品加工"十三五"规划,提档增值、节能减排、集聚产业、培育品牌。加大新产品、新技术、新工艺的研发投入,大力培育精深加工的标杆企业,改造提升水产品加工集聚区,支持加工产品走品牌化发展道路。

大力培育渔业新业态。加强统筹规划,推进渔业与旅游、教育、文化等产业深度融合,建设休闲渔业特色村点、渔民民宿和渔家乐,开发休闲基地、户外运动、海上游钓、赶海体验等休闲产品,发展观光旅游、科普教育、文化创意、民宿美食等休闲业态。发展渔业电子商务,建设水产品网络销售平台,发展"网上菜篮子"等生鲜水产品网上直销,开拓水产品个性化定制服务、会展渔业、渔业众筹等新型业态。

(三)坚持绿色发展,建设东海蓝色新屏障

总结象山、洞头、玉环、嵊泗等四县区开展海洋生态文明建设经验,以"海洋生态文明建设示范区"创建活动为抓手,海陆统筹,综合谋划,大力推进近岸海域和重点海湾污染整治,大力加强休渔禁渔管理,大力开展海洋生态修复,全力助推美丽浙江建设。

第一,推进海洋污染整治。继续推进《浙江省近岸海域污染防治规划》和杭州湾、三门湾、乐清湾、象山港等"三湾一港"污染综合整治方案;建立海洋与渔业环境监测通报制度,完善监测网络,增加监测站位,加密监测频次,推进监测、评价、发布信息化;加强陆源污染物排放监管,严格海洋、海岸工程环境影响评价,严厉打击违法排污行为,确保直排海污染源稳定达标排放。实行近岸海域养殖容量控制,开展重点港湾网箱养殖整治,从源头上减少水产养殖污染。

第二,加强渔业资源保护。完善海洋休渔制度,加强休渔禁渔管理,坚决打击伏季休渔期非法捕捞行为,切实提高伏季休渔资源保护效果。建立渔业资源调查机制,开展常态化渔业资源监测、评价及预警预报,开展海洋牧场建设和大规模增殖放流,在普陀中街山列岛等海域建设 6 个海洋牧场示范区,投放各类礁体 100 万立方米;开展藻类移植、贝类底播,放流大黄鱼、曼氏无针乌贼(受精卵)、日本对虾、三疣梭子蟹、贝类等水生生物苗种 100 亿单位。

第三,加强海洋生态修复。选划新建 3 个海洋特别保护区,深入开展已建海洋自然保护区和特别保护区建设管理工作,全面保护浙江渔场"三场一通道"(产卵场、索饵场、越冬场和洄游通道),在舟山渔场、猫头洋、温台渔场等海域建立 9 个产卵场保护区,保护区面积约 126 万公顷,重点保护大黄鱼、小黄鱼、带鱼、乌贼等主要经济鱼类。到 2020 年,实现海洋保护区面积达到 5000 平方千米,占省管辖海域总面积的 11% 以上。

(四)坚持共享发展,建设美丽新渔村

围绕"生产安全、生活富裕、生态优美"目标,坚持共建共享,挖掘渔业公共属性,惠民生,保平安,打造"小鱼"公共产品,推进美丽和谐新渔村建设。

第一,开展特色渔乡小镇创建。按照"产业有特色、渔文化有传承、多产业融合"发展思路,以渔村、海岛、海湾、渔港经济区为重点,引导各地打造一批产业、文化、旅游"三位一体",生产、生活、生态"三生融合"的"特色渔乡小镇"。杭嘉湖绍地区着力重现"鱼米之乡",甬台温地区突出现代海洋渔业,金衢丽地区打造山区生态特色渔业。积极开展捕捞渔民转产从事海洋牧场和体验性休闲相结合的项目试点,探索相关用海(岛)、信贷、税收、捕捞专项许可等方面的政策创新,统筹推动资源保护和产业转型、环境整治和基础建设、民生改善和文化传承,提升综合效益,推动渔区经济全面发展。

第二,强化平安渔业建设。开展"平安渔业达标"创建活动,深化渔业安全生产管理体制改革,推进乡、村、公司渔船基层管理单位安全生产达标,推行社团自治、渔民自律管理,培育扶持基层渔船服务管理组织,全面规范渔船基层单位安全生产管理,有效防范较大事故,坚决遏制重特大事故。加强标准渔港改造、避风锚地建设和渔船渔港综合功能提升,围绕"船员管理网络化、渔船管理精准化、渔港建设现代化",完善省市县三级监管体系。建立海洋灾害应急指挥体系,推进海洋防灾减灾"五大工程"建设,力争实现灾害性海浪预报准确率达到 88% 以上,海洋灾害信息覆盖率 90% 以上,重大灾害预警报信息 20 分钟内发送至基层社区和目标单位。

第三,完善渔民社会养老保险措施。出台关于加快推进海洋捕捞渔民养老保障工作的指导意见,在现有的国家基本养老保险制度框架内完善渔民社会养老保障各项举措,合理确定渔民养老保障实施范围和重点对象,区别对待传统、非传统海洋捕捞渔民,积极拓展海洋捕捞渔民养老保障资金渠道,建立海洋捕捞渔民民生保障机制,分类做好不同海洋捕捞渔民群体的养老保障工作。对传统海洋捕捞渔民,通过参照当地被征地农民基本生活保障制度或发放老年生活补贴等办法,实施养老保障工作。

(五)坚持创新引领,增强渔业发展新动力

适应产业发展新趋势和政府职能转变新要求,瞄准薄弱领域,针对问题短板,坚持改革创新,增强发展后劲。

第一,创新公共服务体系。着力打造四大公共服务平台,完善渔业公共服务体系。一是产业要素交易流转平台。推动涉渔劳力、渔船产权、船网工具指标、捕捞渔获物等要素进场流转、交易,提供拍卖、评估、融资、物流等综合服务。二是渔业科技支撑平台。大力引进大院名校共建创新载体,建立全省渔业科技联盟机制,浙江省海洋科学院实体化运作取得突破,推进产业主体、院所、高校的产学研合作,打通产业链和创新链,构建开放研发服务平台与渔业生产相结合的创新模式。三是金融保险服务平台。探索财政补助和金融保险政策的有效衔接,建立政府资金引导、经营主体为主、金融保险机构支撑的现代渔业投融资模式。探索建立渔民征信体系,创建融资担保等金融服务平台;完善渔业互助保险制度,创新保险产品,拓展服务范围,开展水产养殖政策性保险,逐步实现渔业互助保险覆盖渔业生产全领域,有效化解渔民因灾返贫风险;拓展渔业小额委托贷款业务,进一步发挥财政、金融杠杆支持渔业可持续发展的作用。四是资源监测平台。掌握浙江渔场水生生物资源品种、结构、数量、分布区域、生长特性、繁殖习性、种群组成、资源量、最佳持续产量、最小可捕规格等,摸清渔汛动态,评价渔业资源年再生与可捕量,为管理决策提供依据。

第二,创新渔业管理模式。以"互联网＋渔业"为抓手,打造集行业管理、质量安全管理、价格信息、市场分析预警、渔需物资服务等为一体的渔业管理和服务平台,加快建设完善水产品质量安全追溯体系、渔业生产主体动态数据库、水产品市场价格信息发布平台、渔需物资服务信息等功能,丰富渔业管理手段。

实行国内海洋捕捞产量负增长政策。制订阶段性海洋捕捞总产量控制目标,探索水产市场联网工程。积极创造条件开展限额捕捞管理试点,并总结经验,逐步推广。

推动渔业"三强一制造"。大力加强标准化建设,严格落实属地监管责任和渔业生产者主体责任,提升水产品质量安全水平。以质量为基础、品质为保障、品牌为引领、市场为导向,深入推进浙江省渔业品牌建设和品质宣传工作,对接生产与消费,用市场导向来驱动渔业产业转型升级。

第三,创新渔业综合执法体制。按照"精简、统一、效能"的原则,积极推进全省海洋与渔业管理综合行政执法体制改革。总结推广舟山市海上综合执法改革经验,整合行政执法主体,相对集中执法权,推进海上综合执法,重点强化基层县(市、区)海洋与渔业综合行政执法力量,切实提高执法能力和水平。

五、浙江渔场修复长效机制的重点工程和项目

围绕主要任务,重点实施渔场综合治理、产业转型升级、生态保护修复、美丽渔村建设、公共服务平台打造等五大工程及一批重点项目。

(一)渔场综合治理工程

第一,整顿渔场秩序。建立海上巡查长效机制,分时段、分区域组织开展各类海上综合执法专项行动,组建"捕鱼人护渔队伍",依法严处涉渔违法违规活动,始终保持对"三无"渔船、绝户网等非法行为的高压严打态势,深入推进"船证不符"渔船、禁用渔具、海洋环境污染等整治,全面整顿渔场乱象。

第二,建设海洋渔业综合监管信息化平台。全面推进渔船、渔港信息化建设,构建卫星、无人机、岸基雷达和执法巡航相结合的全方位全天候监控体系,对渔船实施有效的监管与识别;通过信息开放共享,加强部门信息化协作,建立船员、船东道德诚信平台,建设全省统一的渔船、渔港、船员数据库,实现渔港、渔船、船员实时动态监管,进一步提升出海船舶、船员动态管控能力,促进渔场综合治理。

第三,建设执法装备能力。新增一批渔政执法船艇,建设一批渔政码头、扣船所,配置舰载直升机及一批取证、救助救生等设备,全面提高执法装备保障水平,提升巡航执法和案件查处效率。

(二)产业转型升级工程

第一,海洋捕捞减船转产。通过渔业油价补贴政策调整,努力压减国内海洋捕捞产能 50 万千瓦；对吸纳渔民就业实行政策补助。

第二，远洋渔业拓展。更新改造一批远洋渔船、组织一批国内捕捞渔船转产远洋，配套建设一批国内外远洋渔业基地。

第三，水产养殖转型提升。建设完善水产品质量安全追溯体系。建设 500 个海淡水池塘循环水试点和 50 个工业化循环水养殖系统；创建 30 个生态养殖小区；拓展浅海养殖空间 10 万亩，发展贝藻筏式养殖和现代化生态型抗风浪深水网箱和围网；全面推广配合饲料替代新鲜或冰冻小杂鱼的养殖方式，减少资源消耗型、污染型水产养殖模式。

第四，基层专业化海洋渔船服务管理组织创建。培育扶持 260 个左右集自律管理和服务于一体的基层专业化海洋渔船服务管理组织。

（三）生态保护修复工程

第一，建设海洋环境监测业务体系。强化沿海省市县三级海洋环境监测基础能力建设，完善监测网络，提高监测评价工作水平。

第二，保护与修复海洋生物资源。实施 100 亿单位苗种增殖放流，建设 6 个海洋牧场示范区，划定 9 个带鱼、大黄鱼、小黄鱼、曼氏无针乌贼等主要经济鱼类产卵保护区，落实相关保护措施。

第三，建设与管理海洋保护区。选划新建 3 个省级以上海洋保护区、开展 18 个省级以上海洋保护区基本建设。

（四）美丽渔村建设工程

第一，创建特色渔乡小镇。推动渔业全产业链建设，创建 30 个集海洋与渔业文化、旅游观光、休闲养生为一体的区域性"特色渔乡小镇"，为拓宽渔民就业渠道，推进转产转业做出示范，为实现渔业转型发展树立样板。

第二，渔船安全生产管理。实施渔业安全生产"三化一规范"工程，通过渔船基层管理单位安全达标管理考核，提高渔船基层组织化管理程度，强化船东遵纪守法意识；通过船员管理网络化，建立渔民诚信档案，引导船东自治，渔民自律；通过渔船精准管理，区分合法与非法渔船，实施精准动态规范监督；通过渔港现代化建设，提高渔业安全保障水平，提升渔港监督能力。

第三，建设渔港、渔船避风锚地及渔港经济区。编制《浙江省渔港和渔船避风锚地建设"十三五"规划》，继续实施标准渔港建设，启动渔船避风锚地建设，努力保障全省渔船渔民生命财产安全。

第四，完善渔民基本养老保险。为海洋捕捞渔民参加基本养老保障打开政策通道，对传统海洋捕捞渔民参加基本养老保险财政给予适当补贴。

（五）公共服务平台打造工程

第一，建设渔业生产要素流转平台。在舟山、宁波、台州、温州等地组建海洋渔业综合化产业要素交易流转市场和 140 个村（公司）级产业要素交易流转服务站点。

第二，建设渔业资源监测平台。开展全省渔业资源调查，实施常态化的动态监测，建立渔业资源数据库。

第三，建设渔业科技支撑平台。开展渔用全价人工配合饲料的研究与应用、海洋牧场构建方式评估与管理等 11 项关键性技术研发和集成运用；完善水产种苗育繁推体系，培育扶持一批年产值 3000 万元以上的现代种业企业，建设 100 家增殖放流苗种供应基地；实施"弃小杂鱼、改配合料"饲料使用补助政策。

第四，建设海洋渔业金融服务平台。建设海洋渔业融资担保平台；进一步扩大渔船、船员互助保险覆盖面，逐步推行水产养殖互助保险。

六、浙江渔场修复长效机制的保障措施

第一，加强组织领导。各级政府要加强对规划实施推进的组织领导，准确把握"十三五"发展新特点、新使命和新要求，按照省委省政府推进转型升级"组合拳"部署，加大渔业转型升级的政策支持力度。各市、县（市、区）政府及渔业行政主管部门应根据本规划制定具体实施方案，明确工作职责，分解目标任务，建立工作推进机制。省海洋与渔业局要强化规划的跟踪督导，狠抓工作落实，形成一级抓一级、层层有人管、事事有人办的工作格局，确保任务到乡镇、落地到村船，项目到渔场（塘）。

第二，完善法治保障。积极推进海洋渔业立法工作，贯彻实施新修订的省渔业管理条例、渔港渔业船舶管理条例等法规制度，健全渔具渔法、可捕标准、养殖尾水排放、海洋生态损害赔补偿等一批标准和规范，完善配套实施办法和细则。坚持依法行政，各级各有关部门加强沟通和协调配合，加大对破坏渔业资源、水域环境等违法违规活动的处罚力度，规范行政裁量权，细化分类处理的办法和程序，使工作有法可依，有章可循。

第三，加大投入力度。加大财政资金整合力度，保障专项执法、违规治理、减船转产、增殖放流、监测预警、生态修复等工作有序推进；统筹利用各项政策，围绕"三大创建"加强项目资金的倾斜和引导；积极鼓励和引导社会资金参与，加大对生态高效水产养殖、远洋渔业、水产加工物流和休闲渔业，以及海岛基础设施、渔港经济区建设、渔村环境治理等的投入力度，落实职业培训、创业补助、小额担保贷款及贴息等各项优惠政策,鼓励转产转业渔民就近就地稳定就业和自主创业。

第四,营造社会氛围。充分发挥新闻媒体作用,大力宣传海洋渔业可持续发展试点的重大意义、目标任务、政策举措,把各项政策规定广泛昭告渔区群众,弘扬守法生产、诚信经营典型,聚焦曝光违法违规行为,提高渔民主动参与保护渔业资源、保护生态环境的自觉性。加强海洋渔业科普知识教育,建设一批海洋知识教育基地,充分发挥资源环境保护志愿者作用,支持从业者共同发起渔业生产自律规范倡议,努力营造社会力量共同推进渔业转型升级的良好氛围。

第五,加强队伍建设。全面落实从严治党的各项要求,坚持把业务中的薄弱环节和问题短板作为党建工作的重要抓手,进一步发挥渔业战线各级党组织的战斗堡垒作用和共产党员的先锋模范作用。全面推进党风廉政建设和反腐败斗争,严格落实党风廉政建设主体责任和监督责任,推动全系统建立健全严密科学的廉政风险防控体系。壮大基层渔业力量,注重基层一线人才培养和使用。加强渔业科技创新队伍,完善科技人才选拔任用机制。加强系统干部交流,逐步优化队伍的年龄结构、知识结构和专业结构,努力打造一支政治坚定、业务过硬、勤政廉洁、敢于担当、勇于创新的渔业管理、渔场修复和渔政执法铁军。

第五章　浙江渔场修复的法律规范问题及对策研究

第一节　浙江渔场修复的法律规范问题

为了让读者了解浙江渔场修复的相关执法依据,本节将对相关法律法规进行梳理。

一、浙江渔场修复执法依据梳理

浙江渔场修复执法依据主要包括四个方面:打击涉渔"三无"船舶及其他各类非法行为的执法依据、整治"船证不符"捕捞渔船与渔运船违法行为的相关法规、整治禁用渔具的相关法规、整治海洋环境污染的相关法规。

(一)打击涉渔"三无"船舶及其他各类非法行为的执法依据

"三无"船舶①于 20 世纪 70 年代末在国内沿海地区出现(朱光耀,2008),系无船名船号、无船舶证书、无船籍港之船舶。国内打击"三无"船舶

---

① "三无"船舶称谓在国内官方文件中肇始于农业部、公安部、交通部、国家工商行政管理局、海关总署曾联合发文《交通部关于实施清理、取缔"三无"船舶通告有关问题的通知》(交安监发〔1995〕13 号),文中提到对"无船名船号、无船舶证书、无船籍港"的"三无"船舶坚决进行清理、整顿。

执法行动由来已久,早期对其清理、取缔,主要缘于当时沿海一些地区不法分子利用其进行走私等违法活动,危害海上治安,妨碍海上生产、运输秩序。多数"三无"船舶船体、结构、设备等均存重大安全隐患,且其船员多未经培训,易违章航行、违法作业,害及船舶自身与其他船舶之航行、停泊与作业安全(俞芝兰,2012)。当下浙江省开展打击涉渔"三无"船舶①专项执法行动,系因日益增多的"三无"渔船大肆非法捕捞致东海濒临"无鱼可捕"困境。海上捕捞作业依法须经批准并获捕捞许可证,而"三无"渔船擅自建造、无证出海偷捕,不仅扰乱正常渔船管理与渔业生产秩序,且极大侵害守法渔民合法权益,并加剧破坏海洋渔业资源,严重损害法律尊严并触犯社会公平底线。同时,其多存设计缺陷,未经检验,易生船沉人亡的渔业安全事故。

1.打击涉渔"三无"船舶之执法依据

"三无"渔船不仅扰乱正常渔船管理与渔业生产秩序,且极大侵害守法渔民权益,并加剧破坏海洋渔业资源,致东海濒临"无鱼可捕"困境,因此浙江省自2014年5月28日依法开启了包括打击涉渔"三无"船舶的专项执法行动。执法依据包括国家层面上的以及浙江省的地方性规范。

(1)打击涉渔"三无"船舶之国家规范依据

以"船舶"、"三无"、"渔业"为关键词,在北京大学"中国法律检索系统"全文检索,获国务院规范性文件2篇,部门规范性文件55篇。目前国内相关"法律"、"行政法规"类文件中缺乏对涉渔"三无"船舶的直接规制,"部门规章"亦鲜有涉及,多为"国务院规范性文件"或"部门规范性文件",且该些文件多为事务性通知或工作部署。经甄别,现将相关文件基本信息及其规制涉渔"三无"船舶之相关规定梳理并择要列举如下。

　　　规范名称:国务院对清理、取缔"三无"船舶通告的批复
　　　规范性质:国务院规范性文件
　　　发文字号:国函〔1994〕111号
　　　发布日期:1994-10-06
　　　规范具体事项:①对非法建造、改装的船舶的处置,对擅自建造、改装的造船厂和非法厂、点的处罚;②对停靠港口"三无"船舶的处置;③对海上航行、停泊"三无"船舶的处置;④对拒绝、阻碍执行公务的处置;

────────

　　① 涉渔"三无"船舶系无船名船号、无船舶证书[无有效渔业船舶检验证书、船舶登记证书、捕捞许可证(简称无"三证")]、无船籍港的"三无"渔业船舶。

⑤对没收"三无"船舶的处置

涉"三无"船舶具体条款:一、凡未履行审批手续,非法建造、改装的船舶,由公安、渔政渔监和港监部门等港口、海上执法部门予以没收;对未履行审批手续擅自建造、改装船舶的造船厂,由工商行政管理机关处船价2倍以下的罚款,情节严重的,可依法吊销其营业执照;未经核准登记注册非法建造、改装船舶的厂、点,由工商行政管理机关依法予以取缔,并没收销货款和非法建造、改装的船舶。

二、港监和渔政渔监部门要在各自的职责范围内进一步加强对船舶进出港的签证管理。对停靠在港口的"三无"船舶,港监和渔政渔监部门应禁止其离港,予以没收,并可对船主处以船价2倍以下的罚款。

三、渔政渔监和港监部门应加强对海上生产、航行、治安秩序的管理,海关、公安边防部门应结合海上缉私工作,取缔"三无"船舶,对海上航行、停泊的"三无"船舶,一经查获,一律没收,并可对船主处船价2倍以下的罚款。

四、对拒绝、阻碍执法人员依法执行公务的,由公安机关依照《中华人民共和国治安管理处罚条例》处罚;构成犯罪的移送司法机关依法追究刑事责任。

五、公安边防、海关、港监和渔政渔监等部门没收的"三无"船舶,可就地拆解,拆解费用从船舶残料变价款中支付,余款按罚没款处理;也可经审批并办理必要的手续后,作为执法用船,但不得改作他用。

规范名称:农业部关于实施《清理取缔"三无"船舶通告》有关事项的通知

规范性质:农业部规章①

发文字号:农渔发〔1994〕21号

发布日期:1994-11-08

规范具体事项:对涉渔"三无"船舶的处理原则

涉"三无"船舶具体条款:

---

① 该文件从其发文程序、发文字号、具体内容等方面判断,宜界定为立法法中所称部门"规范性文件",但《农业部公告第2114号——农业部规章和规范性文件目录》则明确将该文件界定为"部门规章",在该公告"一、农业部规章目录"下,明确列有"15.农业部关于实施《清理取缔"三无"船舶通告》有关事项的通知(1994年11月8日〔1994〕农渔发21号公布)"。

五、处理原则

（一）对 1994 年 11 月 30 日前主动来登记的，按下列原则处理：……；从事电、炸、毒鱼等非法捕捞作业的船舶，应依法从严处罚，直至没收；冒用渔业船名船号的船舶，处船价 10％以上至 2 倍以下罚款，直至没收；购置按规定应予报废的船舶，应予拆解；……；"三证"不全或有证不按期进行年审、年检的渔船，经检验、审查合格，由渔政、渔监、船检部门按有关规定在一定时间内补办证书，补收各项费用；"三证"均无的船舶，经检验，审查合格的，具备适航条件，补征各项费用，并处以船价 5％以上至2 倍以下罚款后，按有关规定在一定期限内补办证书；经检验，不具备适航条件的，应予扣留、没收；登记后未能及时办理有关证件的，应发给登记凭证，凭证有效期自登记之日起最多为 2 个月。

（二）1994 年 11 月 30 日以前未来登记的，按以下原则从严处理：……；凡未履行审批手续非法建造、改装的渔船，由渔政渔监机构予以没收；渔监机构要加强对进出渔港的船舶签证管理。对停靠在渔港的"三无"船舶，禁止其离港，予以没收，并可对船主处以船价 2 倍以下的罚款；渔政机构要加强对海上管理，对海上航行、生产的"三无"渔业船舶，一经查获，一律没收，并可对船主处船价 2 倍以下的罚款。渔政渔监机构对船舶证书不全或船名船号、船籍港刷写不清的渔船，按有关规定给予处罚，并强制其按规定办理证书或刷清船名船号、船籍港名。对拒绝、阻碍执法人员依法执行公务的，移交公安机关依法处理；构成犯罪的，由司法机关依法追究刑事责任。渔政渔监机构没收的"三无"船舶可就地拆解，拆解费用从船舶残料变价款中支付，余款按罚没款处理；也可经审批并办理必要的手续后，作为执法用船，但不得改作他用；没有拆解价值的船舶，交渔政机构用于人工渔礁。

规范名称：国务院批转农业部关于进一步加快渔业发展意见的通知

规范性质：国务院规范性文件

发文字号：国发〔1997〕3 号

发布日期：1997-01-27

规范具体事项：清理整顿"三无"渔船

涉"三无"船舶具体条款：

九、健全渔业法规，加强渔业执法工作……各级政府要……，继续清理整顿"三无"渔船,……。

　　规范名称:农业部关于清理整顿三无和三证不齐渔船的通知
　　规范性质:部门规范性文件
　　发文字号:农渔发〔2001〕2号
　　发布日期:2001-01-21
　　规范具体事项:清理整顿"三无"与"三证不齐"渔船
　　涉"三无"船舶具体条款:

　　一、本次清理整顿的对象是……。二、清理整顿的基本原则是……。
三、清理整顿时间为……。四、……。五、……。六、……。

　　规范名称:农业部办公厅关于加快推进新版渔业捕捞许可证换发
工作有关问题的通知
　　规范性质:部门规范性文件
　　发文字号:农办渔〔2010〕109号
　　发布日期:2010-11-03
　　规范具体事项:在换发捕捞许可证中依法处理"三无"渔船
　　涉"三无"船舶具体条款:

　　二、关于换证工作中几个具体问题的处理意见
　　(一)渔船证书所载参数与实际情况不一致问题。……对套用原船
证书证件新建或购置渔船的,要依法予以处罚,并跟踪原船去向,若原
船确已报废拆解,可申请补办相关审批手续,办理新船相应检验、登记
和捕捞许可证书证件;未按时补办手续或原船未报废拆解的,一经查
出,按"三无"船舶依法予以处理。……(三)临时渔业捕捞许可证渔船
管理与换证问题。……对临时证渔船的渔业资源增殖保护费和渔港规
费的补交与缴纳标准,按照《农业部关于清理整顿三无和三证不齐渔船
的通知》(农渔发〔2001〕2号)文件执行。

　　规范名称:农业部办公厅关于开展渔业安全生产领域"打非治违"
行动的通知
　　规范性质:部门规范性文件
　　发文字号:农办渔〔2012〕54号
　　发布日期:2012-05-14
　　规范具体事项:重点打击"三无"船舶违法从事渔业生产

涉"三无"船舶具体条款:

二、重点内容(一)存在"三无"船舶违法从事渔业生产以及套牌、假船牌、涂改渔船船名号等违法行为的;……。

规范名称:农业部办公厅关于印发《海洋捕捞渔船拆解操作规程(试行)》的通知

规范性质:部门规范性文件

发文字号:农办渔〔2012〕104号

发布日期:2012-09-08

规范具体事项:"三无"渔船报废拆解

涉"三无"船舶具体条款:

……渔船报废拆解是渔船管理的重要环节,规范渔船报废拆解,对维护渔业正常生产秩序,防止新的"三无"渔船产生,减少环境污染,促进渔业可持续健康发展具有重要意义。……

规范名称:国务院关于促进海洋渔业持续健康发展的若干意见

规范性质:国务院规范性文件

发文字号:国发〔2013〕11号

发布日期:2013-03-08

规范具体事项:打击"三无"渔船

涉"三无"船舶具体条款:

(十六)加强渔政执法。严厉打击"三无"(无捕捞许可证、无船舶登记证书、无船舶检验证书)、"大机小标"(实际功率大于铭牌标定功率)渔船及各类非法捕捞和养殖行为。制定禁止或者限制使用的渔具目录。

规范名称:农业部关于贯彻落实《国务院关于促进海洋渔业持续健康发展的若干意见》的实施意见

规范性质:部门规范性文件

发文字号:农渔发〔2013〕23号

发布日期:2013-07-15

规范具体事项:依法查处"三无"船舶

涉"三无"船舶具体条款:

十一、强化渔政执法……，依法查处"三无"船舶、套牌渔船和非法捕捞、暴力抗法等行为。加强渔政队伍规范化建设，全面提高渔政队伍依法行政能力。……

规范名称：海关总署等关于印发《打击走私专项斗争和联合行动方案》的通知

规范性质：部门规范性文件

发文字号：署缉发字〔2013〕213号

发布日期：2013-08-21

规范具体事项：清理取缔"三无船舶"

涉"三无"船舶具体条款：

五、打击重点和任务分工（十）严厉打击治理沿海、沿边偷运走私。……。交通、渔业、工信等部门进一步加强对各类船舶、码头及船舶修造企业的监管，清理取缔"三无船舶"，规范港口运输秩序。

规范名称：农业部办公厅关于做好涉氨制冷渔船专项治理工作的通知

规范性质：部门规范性文件

发文字号：农办渔〔2013〕84号

发布日期：2013-11-18

规范具体事项：取缔涉氨的涉渔"三无"船舶

涉"三无"船舶具体条款：

二、……。渔政渔港监督机构要……，加大对涉渔"三无"船舶查处力度，对涉氨的涉渔"三无"船舶要坚决予以取缔，……。

规范名称：农业部办公厅关于印发《农业部贯彻落实党中央国务院有关"三农"重点工作实施方案》的通知

规范性质：部门规范性文件

发文字号：农办办〔2015〕22号

发布日期：2015-05-29

规范具体事项：清理整治涉渔"三无"船舶工作部署

涉"三无"船舶具体条款：

17—全面实施海洋战略。……工作措施：……三是组织开展涉渔"三无"船舶清理整治，打击非法捕捞。……进度安排：1—4月，研究制订涉渔"三无"船舶清理取缔工作方案;……4—6月,部署清理取缔工作,针对大中型涉渔"三无"船舶开展集中清理取缔。7—12月,扩大清理整治涉渔三无船舶范围;……。

由前文可知,国家层面涉及打击涉渔"三无"船舶之规范基本为规范性文件,且多为部门规范性文件,主要系农业部颁发,但以《国务院对清理、取缔"三无"船舶通告的批复(国函〔1994〕111号)》这一国务院规范性文件为基准。

(2)打击涉渔"三无"船舶之地方规范依据

第一,浙江省涉及规制涉渔"三无"船舶之地方规范。从省级层面考察,主要涉及一些省级地方性法规及地方规范性文件。其中,《浙江省渔业管理条例(2014修正)》做出了禁止向涉渔"三无"船舶提供相关服务及违反此禁令之责任的专门性规定,而《浙江省渔港渔业船舶管理条例(2014修正)》则明确了对擅自下水航行、作业的"三无"船舶予以没收的处罚规定,而《中共浙江省委浙江省人民政府关于修复振兴浙江渔场的若干意见》则启动了打击涉渔"三无"船舶等非法行为的专项执法行动,《浙江渔场"一打三整治"专项执法行动实施方案》则具体规定涉渔"三无"船舶的认定、登记与监管、涉渔"三无"船舶及其船主的分类处置、涉渔"三无"船舶的集中拆解等具体处置事项,《关于印发〈浙江省涉渔"三无"船舶处置(拆解)工作规程(暂行)〉的通知》则规定了涉渔"三无"船舶处置(拆解)的具体工作规程。

　　规范名称:浙江省渔业管理条例(2014修正)
　　规范性质:省级地方性法规
　　发文字号:浙江省人民代表大会常务委员会公告第26号
　　发布日期:2014-12-24
　　规范具体事项:禁止向涉渔"三无"船舶提供相关服务
　　涉"三无"船舶具体条款:

　　第四十八条第二款　任何单位和个人不得向无船名号、无船籍港、无渔业船舶证书的渔船和禁渔期内违禁作业的渔船供油、供冰,不得代冻、收购、销售、转载违禁渔获物。

　　第六十条　违反本条例规定,有下列行为之一的,没收渔获物、违法所得和渔具,处五万元以下罚款:……四)明知是无船名号、无船籍港、无渔业船舶证书的渔船,向其供油、供冰或者代冻、收购、销售、转载渔获物的;……

规范名称：浙江省渔港渔业船舶管理条例（2014 修正）

规范性质：省级地方性法规

发文字号：浙江省人民代表大会常务委员会公告第 25 号

发布日期：2014-12-24

规范具体事项：没收擅自下水航行、作业的"三无"船舶

涉"三无"船舶具体条款：

第四十三条　渔业船舶未核定船名号、未登记船籍港或者未取得渔业船舶检验证书、渔业船舶国籍证书，擅自下水航行、作业的，由渔业行政主管部门予以没收。

规范名称：中共浙江省委浙江省人民政府关于修复振兴浙江渔场的若干意见

规范性质：省级规范性文件

发文字号：浙委发〔2014〕19 号

发布日期：2014-07-18

规范具体事项：启动打击涉渔"三无"船舶等非法行为的专项执法行动

涉"三无"船舶具体条款：

二、重点行动

（一）开展"一打三整治"专项执法行动。

从 2014 年开始，用 3 年左右时间，在沿海组织开展以严厉打击涉渔"三无"船舶及其他各类非法行为、整治"船证不符"捕捞渔船和渔运船、整治禁用渔具、整治海洋环境污染等为主要内容的"一打三整治"专项执法行动。

规范名称：浙江渔场"一打三整治"专项执法行动实施方案

规范性质：省级规范性文件

发文字号：浙委发〔2014〕19 号

发布日期：2014-07-18

规范具体事项：具体规定涉渔"三无"船舶的处置

涉"三无"船舶具体条款：

三、涉渔"三无"船舶的处置（一）涉渔"三无"船舶认定（二）涉渔"三无"船舶登记与监管（三）涉渔"三无"船舶及其船主分类处置（四）涉渔

"三无"船舶集中拆解

四、其他涉及违法违规捕捞行为的处置

五、相关涉渔违法违规生产经营行为的处置

六、"船证不符"捕捞渔船和渔运船违法行为的处置（一）"船证不符"捕捞渔船认定和处置（二）"船证不符"捕捞渔船整治流程（三）渔运船违法行为处置

七、海洋环境污染的处置

规范名称：关于印发《浙江省涉渔"三无"船舶处置（拆解）工作规程（暂行）》的通知

规范性质：省级规范性文件

发文字号：浙海渔振办〔2014〕12号

发布日期：2014-08-12

规范具体事项：规定了涉渔"三无"船舶处置（拆解）的具体工作规程

涉"三无"船舶具体条款：

一、总则（一）适用范围。（二）处置机构。（三）处置方式。

二、处置核准（一）登记。（二）勘验。（三）决定。

三、拆解处置（一）编号。（二）送达。（三）监管。1.前期核实。2.中期监管。3.后期确认。（四）办结。（五）建档。

四、鼓励查处

五、严格问责

六、附则

第二，其他地方涉及规制涉渔"三无"船舶之地方规范。自1999年以来，国内其他省市针对其辖区内"三无"船舶亦出台了诸多相关管理规范，既有省级地方性法规（如《辽宁省渔船管理条例（2004修正）》），亦有地方政府规章（如《贵阳市水上交通管理办法》），还有自治条例（如《凉山彝族自治州渔业管理条例（2005修正）》），最多的还是地方规范性文件（如《威海市人民政府办公室关于印发2012年威海市渔船专项整治行动方案的通知》），这些不同层级的地方规范均从不同角度尝试管理与处置"三无"船舶，尤其是"三无"渔船。现择要列举如下：

规范名称：贵阳市水上交通管理办法

规范性质：地方政府规章

发文字号：贵阳市人民政府令〔第59号〕

发布日期：1999-06-03

规范具体事项：依国务院规定处罚"三无"船舶

涉"三无"船舶具体条款：

第十条   船舶必须具备下列条件，方准航行：（一）有船名船号、有船舶证书、有船籍港；……

第三十九条   对无船名船号、无船舶证书、无船籍港的"三无"船舶，依照国务院有关取缔"三无"船舶的规定，予以处罚。

规范名称：辽宁省渔船管理条例（2004修正）

规范性质：省级地方性法规

发文字号：辽宁省人大常委会公告第16号

发布日期：2004-06-30

规范具体事项：没收"三无"船舶可并处罚款

涉"三无"船舶具体条款：

第四十七条   未经批准擅自新造、更新、改造的渔船或无船名号、无渔船证件、无船籍港的"三无"渔船，由有关主管部门予以没收，并可处"三无"渔船所有人船价2倍以下的罚款。

规范名称：凉山彝族自治州渔业管理条例（2005修正）

规范性质：自治条例和单行条例

发文字号：凉山彝族自治州第八届人民代表大会常务委员会公告第5号

发布日期：2005-06-16

规范具体事项：对涉渔"三无"船舶没收违法所得，可处以其船舶价值两倍以下罚款，并可没收船舶

涉"三无"船舶具体条款：

第十六条第二款   禁止使用"三无船舶"（无船名号、无船舶证书、无船籍港）从事渔业活动。

第二十九条   违反本条例规定，有下列行为之一的，由渔业行政主管部门或者渔政监督管理机构给予行政处罚：……；（五）使用"三无船舶"从事渔业活动的，没收违法所得，可对船主处以其船舶价值两倍以下的罚款，并可没收船舶；……

规范名称:辽宁省实施《中华人民共和国渔业法》办法(2006 修正)

规范性质:省级地方性法规

发布日期:2006-01-13

规范具体事项:没收"三无"渔船

涉"三无"船舶具体条款:

第十二条　捕捞渔船,必须符合下列要求:(一)有船名船号;(二)有船舶证书(指渔业船舶检验证书、船舶登记证书、捕捞许可证);(三)有船籍港。

不符合前款规定的渔船(简称"三无"渔船,下同)不得进行捕捞。

第二十三条　违反本办法第十二条规定,使用"三无"渔船捕捞的,予以没收。

规范名称:威海市人民政府办公室关于印发 2012 年威海市渔船专项整治行动方案的通知

规范性质:地方规范性文件

发文字号:威政办发〔2012〕16 号

规范具体事项:对"三无"渔船的具体整治措施及管理要求

涉"三无"船舶具体条款:

一、总体目标:全面整治海洋"三无"(无船名号、无船籍港、无船舶证书)渔船、脱审渔船和渔业辅助船,……打击非法捕捞行为,夯实渔船管理基础,确保我市渔业生产秩序、涉外渔船管理秩序和安全生产形势稳定。

二、整顿内容(一)"三无"渔船整治。将我市符合适航条件的"三无"渔船纳入安全监管。限期审验脱审渔船。……

三、方法与步骤……(四)登记造册。……。(五)集中处理。……对"三无"渔船、拒不服从管理继续从事捕捞活动的养殖渔船、渔业辅助船,按照无证捕捞有关规定没收渔船,对其他渔船按照本方案要求依法进行处罚。……

四、措施与要求(一)"三无"渔船整治。1—六项工作措施。2—五点管理要求。

规范名称:威海市人民政府关于加强渔船管理保障渔业安全生产的实施意见

规范性质：地方规范性文件

发文字号：威政发〔2012〕17 号

发布日期：2012-04-16

规范具体事项：加强"三无"渔船治理

涉"三无"船舶具体条款：

三、加强渔船安全隐患治理

（一）加强"三无"渔船治理。2012 年，各市区政府和开发区管委要组织海洋与渔业、公安、交通运输等部门将全市符合适航条件的"三无"（无船名号、无船籍港、无船舶证书）渔船纳入安全监管，配齐安全设施并有效使用，限制作业区域，按时缴纳资源费，不享受燃油补贴、转产转业等国家和省市优惠政策，不得转让过户、更新改造。对不符合适航条件的"三无"渔船，依法查扣，责令其限期转业或报废。自 2013 年起，对未纳入安全监管、新出现的"三无"渔船一律没收并强制拆解。对脱审渔船，要书面告知限期年审，逾期拒不年审的，依法注销相关证书证件。……

规范名称：潍坊市人民政府办公室关于印发 2012 年潍坊市渔船专项整治行动方案的通知

规范性质：地方规范性文件

发文字号：潍政办字〔2012〕49 号

发布日期：2012-04-20

规范具体事项：对"三无"渔船的具体整治措施及管理要求

涉"三无"船舶具体条款：内容与《威海市人民政府办公室关于印发 2012 年威海市渔船专项整治行动方案的通知》基本相同

规范名称：四川省水路交通管理条例（2012 修正）

规范性质：省级地方性法规

发文字号：四川省第十一届人大常委会公告第 75 号

发布日期：2012-07-27

规范具体事项：对违反禁令从事水运的三无船舶的处罚

涉"三无"船舶具体条款：

第六条第三款　禁止无船名、船号，无船籍港，无船舶证书的船舶（以下简称三无船舶）从事水路运输。

第四十五条　违反本条例规定，由县级以上人民政府交通行政主管部门的航务管理机构按下列规定处理：……；（二）违反第六条规定的，责令停止违法行为，没收其非法所得、没收三无船舶；……

规范名称：青岛市海洋渔业安全生产管理办法（2012）

规范性质：地方政府规章

发文字号：青岛市人民政府令第 222 号

发布日期：2012-12-09

规范具体事项：禁止三无渔船从事渔业生产及其相关活动

涉"三无"船舶具体条款：

第八条第二款　严禁无船号、无船舶证书、无船籍港的渔业船舶从事渔业生产及其相关活动。

第三十四条　违反本办法的其他行为，有关法律、法规、规章有处罚规定的，按照有关法律、法规、规章的规定予以处罚。

规范名称：海南省沿海边防治安管理条例（2012 修订）

规范性质：省级地方性法规

发文字号：海南省人大常委会公告第 108 号

发布日期：2012-12-31

规范具体事项：对三无船舶的处理及处罚

涉"三无"船舶具体条款：

第四十五条　在本省管辖海域航行、作业、停泊或者从事其他活动的无船名船号、无船舶证书、无船籍港的船舶，由公安边防机关或者法律法规规定的其他有关部门责令船主限期办理有关证件，并处五千元以上二万元以下罚款；逾期仍未办理或者拒不办理的，没收船舶，并可处船价二倍以下的罚款。

规范名称：威海市人民政府关于进一步强化渔业安全管理的意见

规范性质：地方规范性文件

发文字号：威政发〔2013〕46 号

发布日期：2013-09-12

规范具体事项：对三无渔船区别处置

涉"三无"船舶具体条款：

三、进一步完善渔船安全管理措施……（九）加强特殊渔船管理。要加强"三无"（无船名号、无船籍港、无船舶证书）渔船管理，开展专项执法检查,对新发现的"三无"渔船一律没收并强制拆解。……

规范名称:珠海市香洲渔港管理规定

规范性质:地方政府规章

发文字号:珠海市人民政府令第 98 号

发布日期:2014-01-25

规范具体事项:禁止为三无船舶提供维修服务及限制进港

涉"三无"船舶具体条款:

第十四条　在渔港范围内禁止从事下列行为:……。(八)为无船名船号、无船舶证书、无船籍港的三无船舶以及供油船提供维修服务。……

第十六条　进入渔港的船舶,不得有以下情形:(一)未持有有效船舶证书的。(二)没有标识船名号的。……

规范名称:三亚市人民政府关于印发三亚市水上旅游管理办法的通知

规范性质:地方规范性文件

发文字号:三府〔2014〕120 号

发布日期:2014-07-16

规范具体事项:不同情形三无船舶的分别处置

涉"三无"船舶具体条款:

第十条　市公安边防部门依照《海南省沿海边防治安管理条例》《国务院对清理、取缔"三无"船舶通告的批复》的相关规定,负责近海(即距最近海岸线三海里以内海域)船舶边防治安管理,对船舶负责人及有关责任人员的违法行为予以处罚;

"三无船舶"是指无船名号、无船舶证书、无船籍港的船舶。

第二十三条第一款　对在我市管辖海域内航行、作业、停泊或从事其他活动的"三无船舶",由市公安边防机关依照《海南省沿海边防治安管理条例》第四十五条之规定,予以处罚。

第二十四条第一款　对停靠在港口的"三无"船舶,由海事部门依照《国务院对清理、取缔"三无"船舶通告的批准》(国函〔1994〕111 号)第二条之规定,予以没收,并对船主处以船价 2 倍以下的罚款。

规范名称:深圳市海上休闲船舶运营安全管理办法

规范性质:地方政府规章

发文字号:深圳市人民政府令第 271 号

发布日期:2014-10-28

规范具体事项:按国家规定处理三无船舶

涉"三无"船舶具体条款:

第七条第二款 休闲渔业船舶应当取得渔业船舶检验机构核发的检验证书,并向渔政管理机构申请船舶登记,取得渔业船舶国籍证书及捕捞许可证。

第三十四条 违反本办法第七条规定,休闲船舶未取得相关证书或者相关证书失效的,由海事管理机构或者渔政管理机构责令停航,并对休闲船舶经营人处 3000 元罚款。

对无船名船号、无船舶证书、无船籍港的"三无"船舶,按照国家有关规定予以处理。

规范名称:湛江市人民政府办公室关于加快渔船更新改造促进渔业转型升级的意见

规范性质:地方规范性文件

发文字号:湛府办〔2015〕7 号

发布日期:2015-03-26

规范具体事项:禁止三无船舶捕鱼并逐步取缔。

涉"三无"船舶具体条款:

二、主要任务(一)加快渔船更新改造。……禁止"三无"(无船名号、无船籍港、无有效船舶证件)船舶从事渔业活动,并逐步取缔现有"三无"渔船。

2.打击涉渔其他各类非法行为的法律依据

涉渔其他各类非法行为主要包括:①非法建造、更新、改装渔船;②违规向"三无"和违禁作业渔船供油、供冰、代冻;③非法收购、冷藏、销售违禁渔获物等各类生产经营行为;④省外渔船跨海区非法捕捞作业;等等。目前浙江省在打击涉渔其他各类非法行为时所适用之主要法律依据见表 5-1。

表 5-1   打击涉渔其他各类非法行为之法律依据

涉渔其他各类非法行为	打击涉渔其他各类非法行为之法律依据
非法制造、更新改造渔船(包括未批先建,擅自加装或改变渔捞设施、擅自改变渔业船舶的载重线、主机功率、吨位、主尺度)	《中华人民共和国渔业船舶检验条例》第34条; 《浙江省渔港渔业船舶管理条例》第22条、第23条、第24条、第42条; 《中华人民共和国刑法》第134条(重大责任事故罪)、第140条、第146条、第149条、第150条(生产、销售伪劣产品罪,生产、销售不符合安全标准的产品罪)。
在未经核准登记注册的造船厂(点)制造、更新改造渔船	《国务院无照经营查处取缔办法》第14条; 《国务院对清理、取缔"三无"船舶通告的批复》; 《中华人民共和国刑法》第225条(非法经营罪)、第134条(重大责任事故罪)、第135条(重大劳动安全事故罪)、第136条(危险物品肇事罪)。
在禁渔期向违禁作业渔船供油、供冰、代冻、收购渔获物	《浙江省渔业管理条例》第59条。
销售在禁渔区或者禁渔期非法捕捞的渔获物	《中华人民共和国渔业法》第38条; 《浙江省渔业管理条例》第59条。
未经批准跨省跨海区进行捕捞	《中华人民共和国渔业法》第25条、第42条; 农业部《渔业捕捞许可管理规定》第20条、第24条。

(二)整治"船证不符"捕捞渔船与渔运船违法行为的相关法规

除打击涉渔"三无"船舶外,为整治"船证不符"捕捞渔船与渔运船违法行为,浙江省也出台了一系列相关的法律法规。

1. 整治"船证不符"捕捞渔船

捕捞渔船"船证不符"主要指船舶实际主尺度、主机功率等与相应证书记载内容不一致。国内海洋捕捞渔船"船证不符"主要涉及擅自套用原船证书制造或购置渔船、擅自变更渔船主尺度、擅自更换主机扩大主机功率、擅自改变作业方式等。"船证不符"严重影响渔业市场公平竞争秩序,挫伤合法经营者感情与积极性;致使与船舶有关规费难于查征,导致税费流失;船舶发生各类纠纷时将加大相关部门取证与处理难度;给非船籍港渔船管理部门船舶安检等工作带来困难,故有整治必要(樊启文,2005)。目前省内整治"船证不符"捕捞渔船主要依《渔业港航监督行政处罚规定》与《渔业船舶检验条例》从重处罚,并按如下意见限期整改:①套用原船证书制造或购置渔船的,须拆解原船,原船确已难以找回的,提供相关证明,由当地渔政部门确认后,拆解与原船相近的替代渔船;②实船主机功率与证书功率不符的,采更换主机、"休渔减捕"、补齐功率缺口等方式处置;③对因历史原因造成"船证不符"的,须提供相关证明材料,由市级渔政部门组织专家研究,在查清原因情况下,另行处理。

舟山市即抓住取缔"三无"渔船契机,统筹考虑"船证不符"历史遗留问题之彻底解决,共同谋划"三无"渔船取缔与"船证不符"渔船整治,双轨并进、共同突破。《舟山市"套用原船证书制造或购置渔船"整治办法》明确实际渔船船体材质与证书记载内容不一致,或实船宽型与证书记载明显不一致的,认定为"套用原船证书制造或购置渔船"行为。虑及渔民实情与承受力,对"套用原船证书制造或购置渔船"行为,处 0.2 万至 15 万元罚款。处罚完毕后,"套用原船证书制造或购置渔船"责任人应拆解原船;原船确实难以找回的,可拆解与原船相近的替代渔船;替代渔船(单船)型宽比原船型宽不小于 1 米的,亦可购置本市内已排摸登记的两艘(含两艘)以上涉渔"三无"船舶替代再拆解,替代船型宽之和须大于等于原船型宽。此举既打通了涉渔"三无"船舶之"出口",亦解决了替代拆解渔船之"进口"。因虑及涉渔"无证"船舶取缔后,船主需寻找新就业出路,短时间内会带来生活困难。而依上述办法,船主可定向出售"三无"船舶,从而获得船只残值,对购置人而言,则可完成"套用原船证书制造或购置渔船"整改任务,实现"船证相符"(朱斌斌 等,2014)。

2.整治渔运船违法行为

《浙江渔场"一打三整治"专项执法行动实施方案》对渔运船违法行为整治工作提出如下原则性处理意见:①对非法从事捕捞的渔运船,一律视作涉渔"三无"船舶,依法予以没收拆解;②对向"三无"和违禁作业渔船供油、供冰的,以及代冻、收购、销售违禁渔获物的,据《浙江省渔业管理条例》第五十九条规定予以从重处罚。

《浙江省海洋与渔业局关于在全省沿海开展违规生产渔运船排查与清理工作的通知(浙海渔政〔2015〕15 号)》进一步对渔运船违法行为整治做出细化规定。首先,归纳出当下渔运船的 8 种不同情形:①渔运船合法经营。证书齐全、有效,船证相符,实际所有权未转移,正常办理检验及捕捞辅助船许可证年审的;②实际所有权发生转移。已卖到省外或省内买卖,实际所有人无法查清的;③实际在册船舶已灭失。失踪满六个月、已拆解、已沉没、已销毁的;④实际已自行终止捕捞辅助活动的;⑤国籍证书、检验证书有效期已满,或以贿赂、欺骗等不正当手段取得渔业船舶国籍证书的(经调查证明,登记的所有权人从未行使过所登记渔运船的占有、使用、收益、处分权的,可视为以欺骗手段取得渔业船舶国籍);⑥未依法取得捕捞辅助船许可证的;⑦逾期未年检或捕捞辅助船许可证逾期未年审的;⑧船证不符的。包括实船数据与证书记载数据不符和登记证书、检验证书、捕捞辅助船许可证三证之间记载数据不一致两类。其次,针对不同情形渔运船提出不同清理方法及法律依据,详见表 5-2。

表 5-2 不同情形渔运船之清理方法及法律依据

不同情形渔运船	清理方法	法律依据
渔运船合法经营	核实证书与渔船技术参数后,更新终端设备数据,确保船证相符。	
实际所有权发生转移	对实际已卖到省外或实际所有人无法查清的,在对登记所有权人制作调查笔录后,责令其在 10 个工作日内办理注销登记。逾期不办的,渔业主管部门可按"转让渔业船舶登记证书"认定其渔业船舶登记证书无效,公告后注销所有权登记和国籍登记,并跟进注销捕捞辅助船许可证;对已发生省内买卖,但证书齐全、有效,且船证相符的,依法办理过户手续,实际船东所在地渔业主管部门不得无故不予办理;对逾期未年检或捕捞辅助船许可证逾期未年审的以及船证不符的,由出卖方所在地渔业主管部门完成整改后再依法办理过户手续。	《中华人民共和国渔业船舶登记办法》(以下称《登记办法》)第 6 条、第 35 条、第 50 条。
实际在册船舶已灭失	在完成调查取证后,责令登记所有权人在 10 个工作日内办理注销登记;因各种原因登记所有权人无法到场制作调查笔录或虽制作笔录但逾期不办的,渔业主管部门按照《登记办法》第三十八条规定办理后,跟进注销捕捞辅助船许可证。	《登记办法》第 35 条、第 38 条。
实际已自行终止捕捞辅助活动的	在完成调查取证后,责令登记所有权人在 10 个工作日内办理注销登记。逾期不办的,直接注销所有权登记和国籍登记,并跟进注销捕捞辅助船许可证。	《登记办法》第 35 条、第 48 条。
国籍证书、检验证书有效期已满,或以贿赂、欺骗等不正当手段取得渔业船舶国籍证书的	调查取证后直接注销所有权登记和国籍登记,并跟进注销捕捞辅助船许可证。	《登记办法》第 39 条。

不同情形渔运船	清理方法	法律依据
未依法取得捕捞辅助船许可证的	责令10个工作日内申办捕捞辅助船许可证。	《渔业捕捞许可管理规定》第16条、第40条、第17条。
逾期未年检或捕捞辅助船许可证逾期未年审的	按《渔业船舶检验条例》第33条处理,限期申报检验期限为5个工作日;在限期内申报检验,并经检验合格的,限期5个工作日内补办捕捞辅助船许可证年审手续;对逾期仍不申报检验或虽经检验但不合格的,除依法处罚外,责令限期整改;逾期未整改的,指定港口停航,直至注销捕捞辅助船许可证。	《渔业船舶检验条例》第33条。
船证不符的	①套用证书购置、建造渔运船造成实船数据与证书数据不符的,拆解原船后再按实船数据变更证书数据;原船无法找回的,依法处罚后再按实船数据变更证书数据。②擅自更新改造造成实船数据与证书数据不符的,依法处罚后再按实船数据变更证书数据。③擅自更换主机变更主机功率的,依法处罚并参照我局"浙海渔政〔2013〕53号"文件有关要求变更证书主机功率。主机属2015年1月1日后取得《船用柴油机证书》的,按照《农业部关于印发〈渔船用柴油机型谱与标识管理办法〉的通知》(农渔发〔2014〕3号)等有关规定执行,并按已公布的渔船用柴油机型谱规定变更证书主机功率。④登记证书、检验证书、捕捞辅助船许可证三证之间记载的数据不一致的,按国家和省渔船数据变更有关规定进行处理,实现证书之间的数据统一。	

（三）整治禁用渔具的相关法规

当下国内近海渔业捕捞已陷入资源状况越差、渔具破坏性越大之恶性循环,最终造成使用违规甚至禁用渔具捕捞作业的情况十分普遍,"绝户网"等违规渔具破坏资源问题引起中央领导高度重视及新闻媒体、社会各界广泛关注。为此,农业部不仅在全国范围内组织开展了"清理整治违规渔具专项行动",并在海洋伏季休渔全面结束后开展了"海洋渔船使用违规渔具专项整治行动",且发布了《关于实施海洋捕捞准用渔具和过渡渔具最小网目尺寸制度的通告》(简称《网目尺寸通告》)和《关于禁止使用双船单片多囊拖网等十三种渔具的通告》(简称《禁用渔具通告》)。《网目尺寸通告》对7大类、45 种主要海洋捕捞渔具的最小网目尺寸标准进行限制,提出根据现有科研基础与捕捞生产实际,海洋捕捞渔具最小网目尺寸制度分为准用渔具与过渡渔具两大类。准用渔具是国家允许使用的海洋捕捞渔具,过渡渔具将根据保护海洋渔业资源的需要,今后分别转为准用或禁用渔具,并予以公告。考虑到一些捕捞种类为特定单一种类,所用渔具网目尺寸普遍较小,为兼顾这部分渔业生产者利益,《网目尺寸通告》要求对这部分生产作业实行特许管理,相关规定要在农业部网站上公开,方便渔民查询、监督。《禁用渔具通告》规定 13 种禁用渔具,其中拖网类 1 种,耙刺类 4 种,陷阱类 4 种,杂渔具 4 种,主要是对渔业资源(特别是幼鱼资源)和海底生态环境破坏较大、使用范围有限、价值不高的渔具。

《浙江渔场"一打三整治"专项执法行动实施方案》亦要求督促引导相关企业与渔民主动销毁禁用网具并按要求更换网具,依法严厉打击非法制造、销售、携带、使用电脉冲、多层囊网等禁用渔具的违法行为,依法查处海洋捕捞生产中违反渔具携带数量、最小网目尺寸规定等行为。并规定对使用炸鱼、毒鱼、电鱼等破坏渔业资源方法进行捕捞的,或使用电脉冲、多层囊网、双船单片多囊拖网等禁用的渔具、捕捞方法进行捕捞的,或使用小于最小网目尺寸的网具进行捕捞或者渔获物中幼鱼超过规定比例的,根据《渔业法》第 38 条、《浙江省渔业管理条例》第 42 条、第 59 条规定予以从重处罚。

表 5-3　禁用渔具整治之法律依据

涉禁用渔具的各类 非法行为	打击涉禁用渔具各类非法 行为之法律依据
使用电、毒、炸等破坏渔业资源的方法进行捕捞。	《中华人民共和国渔业法》第 30 条、第 38 条; 《中华人民共和国刑法》第 340 条、第 346 条。
使用电脉冲、地笼网、多层囊网拖网等禁用渔具进行捕捞。	《中华人民共和国渔业法》第 30 条、第 38 条; 《浙江省渔业管理条例》第 42 条; 《中华人民共和国刑法》第 340 条、第 346 条。
使用小于最小网目尺寸的网具进行捕捞(拖网类不得小于 54 毫米,其中拖虾不得小于 25 毫米;围网类不得小于 35 毫米;刺网类分别不得小于 110、90、50 毫米;张网类分别不得小于 55、50、35 毫米;杂渔具不得小于 35 毫米;陷阱类不得小于 35 毫米,笼壶类不得小于 25 毫米)。	《中华人民共和国渔业法》第 30 条、第 38 条; 农业部通告〔2013〕1 号。

涉禁用渔具的各类 非法行为	打击涉禁用渔具各类非法 行为之法律依据
渔船在禁渔期内携带禁止作业的网具。	《浙江省渔业管理条例》第 48 条、第 59 条。
制造、销售电脉冲、地笼网、多层囊网拖网等禁用渔具和不符合标准的渔具。	《浙江省渔业管理条例》第 42 条、59 条；农业部通告〔2013〕2 号。

（四）整治海洋环境污染的相关法规

当下海洋环境污染整治主要涉及严控陆源污染超标排放、严控沿海水产养殖污染与严控海洋船舶油类污染等方面。《浙江渔场"一打三整治"专项执法行动实施方案》规定对违反相关法律法规规定向海域排放油类、酸液、碱液、剧毒废液等各类违法行为的，责令限期改正，并依法予以从严从重处罚。对排放水污染物超过国家或者地方规定的水污染排放标准的，按照权限责令限期治理，并依法予以处罚。限期治理期限最长不超过 1 年；逾期未完成治理任务的，报经有批准权的人民政府批准，责令关闭。对船舶未配置防污设备的，依法予以处罚；对破坏海洋生态、海洋渔业资源，给国家造成重大损失的，依法责令其赔偿损失。

二、浙江渔场修复执法依据中存在的问题分析

通过上述梳理，不难发现浙江渔场修复行动的法律依据仍存在诸如渔业法相关内容陈旧且处罚力度过低、相关执法依据本身欠缺合法性且核心活动执法依据效力层级过低、刑事责任门槛过高等问题。

（一）《渔业法》相关内容陈旧且处罚力度过低

调研中渔政部门反映，作为渔政管理尤其是本次专项执法依据母法之《渔业法》相关内容过于陈旧。其原因在于《渔业法》自 1986 年首次颁布，至 2000 年做出 25 处重大修改后，在其后至今的 15 年内，虽分别于 2004 年、2009 年与 2013 年有所修改，但仅涉及单个条款或个别术语之修改（详见表 5-4），并未根据国内渔业发展实践做相应全面、深入修改，其大部分条款仍是基于 15 年前中国渔业发展情势，如缺乏对近年来日益泛滥的涉渔"三无"船舶问题之专门规制，故其内容相较于当下渔业实情已显陈旧。

表 5-4 《中华人民共和国渔业法》变迁一览表

变迁文件	发文字号	变迁时间	变迁具体事项
中华人民共和国渔业法	主席令第 34 号	1986.01.20	首次公布
全国人大常委会关于修改《中华人民共和国渔业法》的决定（2000）	主席令第 38 号	2000.10.31	1.增加规定渔政机构及其工作人员不得参与和从事渔业生产经营活动;2.修改水域和滩涂核发养殖证及承包养殖规定;3.增加规定当地渔业生产者优先核发养殖证;4.删去第十一条限期开发及吊销养殖证的规定;5.修改水域、滩涂养殖争议处理程序;6.修改水域、滩涂征用依据;7.增加规定对商品鱼生产基地等的保护;8.增加规定水产优良品种的选育、培育和推广;9.增加水产苗种进口、出口规定;10.增加渔政部门对养殖生产的技术指导等职责;11.增加养殖生产禁用有毒有害物质的规定;12.增加养殖生产应保护水域生态环境的规定;13.修改有关远洋捕捞业规定;14.增加捕捞限额制度;15.增加捕捞许可证制度;16.增加捕捞许可证的审批条件;17.修改捕捞作业的要求;18.修改渔船检验规定;19.增加渔港建设与监督管理规定;20.增加水产种质资源保护区规定;21.修改禁渔规定;22.修改政府保护渔业水域生态环境职责;23.修改水生野生动物保护规定;24.修改法律责任方面的规定:(1)破坏性捕捞、违反禁渔规定捕捞、使用禁用渔具、捕捞方法和网具捕捞或渔获物中幼鱼超标的责任;制造、销售禁用渔具的责任;(2)偷捕、抢夺他人养殖水产品或破坏他人养殖水体、设施的责任;(3)违反养殖证规定的责任;(4)无证捕捞的责任;(5)违反捕捞许可证捕捞的责任;涂改、买卖、出租或以其他形式转让捕捞许可证的责任;(6)非法生产、进口、出口水产苗种的责任;(7)未经批准在水产种质资源保护区捕捞的责任;(8)外国人、外国渔船违法责任;(9)渔业水域生态环境破坏或渔业污染事故责任;(10)本法行政处罚决定机关,海上执法规定;(11)渔业主管部门及工作人员的责任;25.取消有关制订实施细则的授权规定。

变迁文件	发文字号	变迁时间	变迁具体事项
全国人大常委会关于修改《中华人民共和国渔业法》的决定(2004)	主席令第 25 号	2004.08.28	第 16 条第 1 款修改为："国家鼓励和支持水产优良品种的选育、培育和推广。水产新品种必须经全国水产原种和良种审定委员会审定,由国务院渔业行政主管部门公告后推广。"
全国人民代表大会常务委员会关于修改部分法律的决定	主席令第 18 号	2009.08.27	(二)将下列法律中的"征用"修改为"征收"15.《中华人民共和国渔业法》第 14 条。
全国人大常委会关于修改《中华人民共和国海洋环境保护法》等七部法律的决定	主席令第 8 号	2013.12.28	将第 23 条第 2 款修改为："到中华人民共和国与有关国家缔结的协定确定的共同管理的渔区或者公海从事捕捞作业的捕捞许可证,由国务院渔业行政主管部门批准发放。海洋大型拖网、围网作业的捕捞许可证,由省、自治区、直辖市人民政府渔业行政主管部门批准发放。其他作业的捕捞许可证,由县级以上地方人民政府渔业行政主管部门批准发放;但是,批准发放海洋作业的捕捞许可证不得超过国家下达的船网工具控制指标,具体办法由省、自治区、直辖市人民政府规定。"

而《中华人民共和国渔业法实施细则》则自 1987 年 10 月 14 日经国务院批准,于 1987 年 10 月 19 日由原农牧渔业部发布实施后,除了 2012 年 9 月 23 日国务院通过国发〔2012〕52 号国务院规范性文件取消了其中的机动渔船底拖网禁渔区线外侧人工鱼礁建造许可外,即使《渔业法》本身在 2000 年已做重大修改,该实施细则至今未做任何其他修改。

同时,作为渔业管理母法的《渔业法》,其对渔业违法行为的责任追究与相应处罚措施仍是基于 15 年前之情势,如《渔业法》对渔业违法行为有关的罚款行政处罚最高额度为 5 万元。据实务部门反映,5 万元在 15 年前可能是制作一艘普通渔船之成本,在当时该处罚额度较为符合实际,具有一定威慑力,但当下 5 万元可能仅是一艘"三无"渔船一网渔获物之价值,对违法者毫无威慑力,违法者往往愿意主动缴纳甚至多缴罚款。

亦有研究者指出,国内渔业法律制度存在"渔业法律数量偏少且配套法律体系不完善"、"渔业法律体系更新速度慢"、"渔业法律法规之间存在冲突"、"渔业法律术语不规范且语言欠严谨"、"未与国际渔业法律制度充分接轨"等问题(高维新 等,2013)。

(二)相关执法依据本身欠缺合法性且核心活动执法依据效力层级过低

据实务部门反映,此次"一打三整治"专项执法行动中,在打击涉渔"三无"船舶时,对"三无"渔船予以没收之直接规范依据系《国务院对清理、取缔"三无"船舶通告的批复(国函〔1994〕111 号)》这一国务院规范性文件。该批复规定了在不同情形下由不同部门来没收"三无船舶",如凡未履行审批手续,非法建造、改装的船舶由公安、渔政渔监和港监部门等港口、海上执法部门予以没收;未经核准登记注册非法建造、改装船舶的厂、点由工商行政管理机关没收非法建造、改装的船舶;对停靠在港口的"三无"船舶由港监和渔政渔监部门予以没收;对海上航行、停泊的"三无"船舶,由渔政渔监和港监部门查获没收。

而依据《中华人民共和国行政处罚法(2009 修正)》"第二章行政处罚的种类和设定"之规定:"法律"可设定各种行政处罚;"行政法规"可设定除限制人身自由以外的行政处罚;"地方性法规"可设定除限制人身自由、吊销企业营业执照以外的行政处罚;"部门规章"与"地方规章"可在法律、行政法规规定的给予行政处罚的行为、种类和幅度的范围内做出具体规定,尚未制定法律、行政法规的,部门规章对违反行政管理秩序的行为,可设定警告或一定数量罚款的行政处罚;"其他规范性文件"不得设定行政处罚。而前述"国函〔1994〕111 号"文件系"国务院规范性文件",在行政处罚法生效后,其所规定的没收"三无船舶"的行政处罚与行政处罚法规定的行政处罚设定权限相违背,理应废止。实践中,中华人民共和国海事局于 2009 年 12 月 30 日在其发布的《海事局公告 2009 年第 9 号——关于废止 169 件海事规范性文件的公告》中,已经以"规范性文件设定处罚、强制等管理措施"为由,废止了其依据"国函〔1994〕111 号"文件发布的《关于实施清理、取缔"三无"船舶通告有关问题的通知(港监字〔1995〕13 号)》。

除相关执法依据本身欠缺合法性外,还存在核心活动执法依据效力层级过低的情况。根据浙江省海洋与渔业局在 2014 年 7 月 17 日发布的《渔民须知 28 条及法律依据》,现将浙江省"一打三整治"专项执法行动中所涉主要法律依据及其效力层级统计梳理如表 5-5。

表 5-5　"一打三整治"专项执法行动中所涉主要法律依据及其效力层级统计

"一打三整治"专项执法行动中所涉主要法律依据	效力层级
《中华人民共和国渔业法》第 30 条、第 38 条；第 29 条、第 31 条、第 41 条、第 42 条、第 45 条；第 37 条；第 23 条、第 43 条；第 25 条。	法律
《中华人民共和国野生动物保护法》第 16 条、第 22 条、第 31 条、第 35 条。	法律
《中华人民共和国安全生产法》第 17 条、第 81 条。	法律
《中华人民共和国刑法》第 340 条、第 346 条(非法捕捞水产品罪)；第 280 条(伪造国家机关证件罪)；第 114 条、第 115 条(投放危险物质罪、以危险方法危害公共安全罪)、第 134 条(重大责任事故罪)、第 136 条(危险物品肇事罪)、第 275 条(故意毁坏财物罪)、第 338 条(污染环境罪)；第 140 条、第 146 条、第 149 条、第 150 条(生产、销售伪劣产品罪，生产、销售不符合安全标准的产品罪)；第 225 条(非法经营罪)、第 135 条(重大劳动安全事故罪)、第 277 条(妨害公务罪)。	法律
《中华人民共和国渔业法实施细则》第 39 条。	行政法规
《中华人民共和国水生野生动物保护实施条例》第 12 条、第 18 条、第 26 条、第 28 条。	行政法规
《中华人民共和国渔业船舶检验条例》第 34 条；第 37 条。	行政法规
《中华人民共和国渔港水域交通安全管理条例》第 8 条、第 9 条、第 10 条、第 21 条；第 12 条、第 13 条；第 22 条。	行政法规
《国务院无照经营查处取缔办法》第 14 条。	行政法规
《浙江省渔业管理条例》第 48 条、第 59 条、第 42 条；第 22 条、第 23 条、第 53 条。	地方法规
《浙江省渔港渔业船舶管理条例》第 44 条；第 14 条、第 15 条、第 16 条、第 41 条；第 22 条、第 23 条、第 24 条、第 42 条；第 34 条；第 36 条、第 48 条；第 27 条、第 45 条；第 47 条；第 28 条。	地方法规
《中华人民共和国渔业港航监督行政处罚规定》第 16 条、第 18 条、第 25 条；第 10 条、第 11 条、第 13 条、第 14 条、第 30 条；第 23 条；第 22 条、第 28 条；第 9 条；第 21 条；第 20 条。	部门规章
《中华人民共和国船舶进出渔港签证办法》第 13 条。	部门规章
农业部《渔业捕捞许可管理规定》第 20 条、第 24 条；第 13 条。	部门规章
《国务院对清理、取缔"三无"船舶通告的批复》。	国务院规范性文件
农业部通告〔2013〕1 号。	部门规范性文件
农业部通告〔2013〕2 号。	部门规范性文件

由表 5-5 观之,"一打三整治"主要执法依据之效力层级似较合理,涉及以《渔业法》为基础的 4 部法律、5 部行政法规、2 部地方法规、3 部部门规章、1 部国务院规范性文件及 2 部部门规范性文件。但实际上,本次"一打三整治"核心在于"一打",而针对打击涉渔"三无"船舶,尤其是省内目前采取的以没收、拆解为主的治理而言,《渔业法》并未涉及,相关行政法规亦未作规定,由前文可知,国家层面涉及打击涉渔"三无"船舶之规范基本为"规范性文件",且多为"部门规范性文件",主要系农业部颁发,但以"国函〔1994〕111号"这一国务院规范性文件为基准。而浙江省内的 2 部地方规范对打击涉渔"三无"船舶之规定并不全面,即《浙江省渔业管理条例》仅做出了禁止向涉渔"三无"船舶提供相关服务及违反此禁令之责任的专门性规定,《浙江省渔港渔业船舶管理条例》则仅明确了对擅自下水航行、作业的"三无"船舶予以没收的处罚规定。省内相关实务部门在具体执法时主要依据《中共浙江省委浙江省人民政府关于修复振兴浙江渔场的若干意见》《浙江渔场"一打三整治"专项执法行动实施方案》《关于印发〈浙江省涉渔"三无"船舶处置(拆解)工作规程(暂行)〉的通知》等省级规范性文件来具体操作。因此,总体而言,本次浙江渔场修复的"一打三整治"核心活动"打击涉渔三无船舶"之执法依据主要系各类规范性文件,其效力层级非常低。

(三)涉渔刑事追责门槛过高且案件移送难度大

首先,涉渔刑事追责门槛过高。《刑法》第 340 条"违反保护水产资源法规,在禁渔区、禁渔期或者使用禁用的工具、方法捕捞水产品,情节严重的,处三年以下有期徒刑、拘役、管制或者罚金"规定了非法捕捞水产品罪。各地渔政部门在加大渔政执法检查力度之同时,积极推进非法捕捞水产品刑事案件向司法机关移送,以期提高对非法捕捞行为的查处率与震慑力。[①] 非法捕捞水产品罪客观方面以违反《渔业法》、《水产资源繁殖保护条例》等保护水产资源的法律、法规为前提。其行为表现为在禁渔区、在禁渔期、使用禁用工具、使用禁用方法捕捞水产品等四种情况。成立该罪还须"情节严重",如聚众非法捕捞、捕捞数量巨大、多次非法捕捞、非法捕捞后果严重、抗拒管理等。故"情节严重"系认定非法捕捞水产品罪与非罪之重要标准。(杨崇领 等,2006)

---

① 见《农业部办公厅关于开展相关水域清理整治违规渔具专项行动的通知》,农办渔〔2014〕3 号,2014 年 11 月 24 日颁布。

最高检、公安部联合发布的"公通字〔2008〕36 号"部门规范性文件[①]第 63 条即将"情节严重"界定为如下情形：①在内陆水域非法捕捞水产品五百公斤以上或价值五千元以上的，或在海洋水域非法捕捞水产品二千千克以上或价值二万元以上的；②非法捕捞有重要经济价值的水生动物苗种、怀卵亲体或者在水产种质资源保护区内捕捞水产品，在内陆水域五十千克以上或价值五百元以上，或在海洋水域二百千克以上或价值二千元以上的；③在禁渔区内使用禁用的工具或者禁用的方法捕捞的；④在禁渔期内使用禁用的工具或者禁用的方法捕捞的；⑤在公海使用禁用渔具从事捕捞作业，造成严重影响的；⑥其他情节严重的情形。地方司法文件《浙江省高级人民法院关于部分罪名定罪量刑情节及数额标准的意见》（浙高法〔2012〕325 号，2012年 11 月 9 日发布与实施）第 95 条即直接援引了上述规定，只不过进一步明确了上述情形即属刑法第 340 条所谓"情节严重"之情形。

综上分析，目前司法实践中将在海洋水域非法捕捞水产品行为入罪的一般标准是非法捕捞的水产品达二千千克以上或价值二万元以上，调研中渔政部门认为此入罪标准门槛过高，致使很多海洋水域的非法捕捞行为难以入罪，从而使刑法 340 条所规定的非法捕捞水产品罪难以发挥其应有的震慑力。

此外，涉渔之涉嫌犯罪案件移送难度也较大。渔政执法"以罚代刑"普遍存在，不仅违背法律授权之目的与意愿，削弱法律公信力，且造成的后果严重，危害性难以估计。究其原因主要有以下几点：

第一，司法移送之重要性尚未引起足够重视。行政处罚注重对违法行为的纠正，而刑事责任则注重打击违法犯罪活动与制裁犯罪分子。《行政处罚法》第 22 条已明确违法行为构成犯罪者，行政机关须将案件移送司法机关依法追究刑责。国务院《行政执法机关移送涉嫌犯罪案件的规定》明确行政执法机关对应向公安机关移送之涉嫌犯罪案件，不得以行政处罚代替移送。因该项工作在渔业管理领域尚处起步阶段，个别渔政机关对衔接工作重要性之认识与重视程度不够，致使该项工作开展不平衡，衔接工作尚处不规范、无序之局面。

第二，渔政执法与刑事司法衔接机制不完善。当前涉嫌渔业犯罪案件

[①]　即《最高人民检察院、公安部关于印发〈最高人民检察院、公安部关于公安机关管辖的刑事案件立案追诉标准的规定（一）〉的通知》，公通字〔2008〕36 号，2008 年 6 月 25 日发布并实施。

移送之规范性文件仅有原则性规定而未设定移送程序,造成渔政执法机关在实际办案中难以把握。渔政执法机关与公安司法机关之有效联络机制尚未搭建。此外,由渔政执法机关移送公安司法机关涉嫌犯罪的案件,从立案到移送至公安机关,需要一定时间。但渔政执法机关无法对嫌疑人采有效强制措施,嫌疑人往往逃匿、串供或伪造、毁灭证据,最终导致案件证据不足。

第三,渔政执法机关与公安司法机关对案件定性及证据收集标准存在分歧。渔政执法机关在执法过程中将涉嫌犯罪案件移送至公安司法机关处理后,司法机关如何对待渔政执法机关收集、调取的证据,及行政执法机关获取的证据材料是否具有刑事证据效力,争议很大。依刑诉法,国内一般情形下只有公、检、法三部门具有收集、调取刑事证据之权力。实践中,公安机关通常认为渔政机关收集的证据须经程序转换,才能保证该证据具有刑诉效力。

第四,涉嫌渔业犯罪案件移送监督机制相对缺乏。当前渔政部门执法监督重点在履行法定职责、执法主体资格、执法依据、执法程序等方面,而对涉嫌渔业犯罪案件是否移送未列为监督内容。依《行政执法机关移送涉嫌犯罪案件的规定》,行政执法机关移送涉嫌犯罪案件,应接受检察院与监察机关依法实施的监督,但目前仍缺乏检察、监察机关依法对行政执法机关移送涉嫌犯罪案件进行监督之具体规定及相应监督程序(吴军杰 等,2010)。

三、浙江渔场修复成果巩固之立法对策建议

根据前文所述问题,可以从完善国内渔业立法并加大处罚力度、完善打击涉渔"三无"船舶相关立法两个方面着手,通过立法手段巩固浙江渔场修复成果。

(一)与时俱进完善国内渔业立法并加大处罚力度

本著作认为可以考虑从如下思路完善国内渔业立法:①尽快修改或重新制定《渔业法实施细则》,提高《渔业法》的可执行性;②对捕捞限额制度等非常重要但目前仅有原则性法律规定之管理制度,应加强实施问题之研究论证,并从体制、机制等方面为其实施创造条件,尽早制定具体实施办法;③改革现有捕捞统计制度,建立数据监督与核实机制,包括严格执行捕捞日志管理、规定渔船在指定港口卸载渔获物、监督海上转载等,为渔业资源养护与管理提供可靠的科学决策依据,亦为捕捞限额制度之实施提供条件;④积极探索适合国情之渔业资源分配制度。以现有捕捞渔船数量与主机功率指

标管理为基础,将渔具纳入指标管理,结合渔场使用分配,逐步实现捕捞投入指标分配与作业渔场分配,减轻捕捞竞争。以此为基础,可在捕捞限额制度实施中引入渔获量配额制度(唐议 等,2010)。

同时,目前国内渔业立法对一些违法行为处罚太轻,起不到应有的威慑作用。如炸鱼、毒鱼、电鱼现象仍然存在;使用含有毒有害物质的饵料时有发生;非法造船屡禁不止等。部分渔民将违法处罚当成其继续违法之成本,当违法所得收益大于成本时,其会选择继续违法,因此许多渔业违法行为屡禁不止。故渔业立法须加大对违法行为之处罚力度。立法者要开展调研工作,特别是渔业一线调研,明确目前哪些行为危害渔业可持续发展,然后依危害程度大小对责任人处以惩罚,惩罚力度一定要加大,使得责任人因违法所受损失大于其利益所得(高维新 等,2013)。

(二)完善打击涉渔"三无"船舶相关立法

欲根治涉渔"三无"船舶问题,须完善相关立法,赋予渔政、海事等部门行政执法强制措施与针对性整治手段,不给涉渔"三无"船舶以规避法律之空间。立法打击涉渔"三无"船舶,可从以下几方面着手。

1. 立法明确认定涉渔"三无"船舶

宜出台规章及以上效力文件,具体规定涉渔"三无"船舶之认定标准、认定主体与认定程序等,明确牵头认定机关,规定相关船舶登记机关职责,明确认定程序,加强部门协作。

2. 完善涉渔"三无"船舶之行政强制立法

因涉渔"三无"船舶较普通违法船舶危害性大,宜立法针对其采取更为严厉之行政强制手段,才能有效保护渔业资源与水上交通生命财产安全。依《行政强制法》第 10—11 条,应由行政法规、地方性法规及以上文件在其权限范围内对相应行政强制措施加以设定。

第一,赋予即时性行政强制措施之执法权。只有保证行政机关当场有权对船舶采强制措施,如责令驶向指定地点、强制卸载、拆除动力装置、暂扣船舶或设施、强制拖离等,才能不给涉渔"三无"船舶与违法人员以可乘之机,保证后续处罚、整改之顺利执行。

第二,出台渔政、海事部门适用《安全生产法》的具体规定。以《安全生产法》为上位法,结合海上监管实际,对渔政、海事部门适用《安全生产法》的有关标准、监管范围、执法权限、相应强制措施与处罚决定做出具体规定,使之富于操作性。

第三,赋予对"三无"船舶没收、拆解之执法权。因"三无"船舶较普通船舶危害更大,故其不宜再投入使用。被查获的"三无"船舶能提供材料符合登记条件者,登记机关应予登记;经船检机构检验符合标准者则予以发放检验证书,检验不合格者则应予没收、拆解。

第四,制定"三无"船舶拆解实施细则。行政强制执行不排斥"执行和解"。因"三无"船舶拆解后仍具一定残值,相对人可能希望自行拆解取得船舶拆解剩余部分以减少损失,故可尝试"三无"船舶自行拆解制度,由船舶所有人申请自行拆解并处理船舶剩余部分,拒不拆解者再强制拆解。为规范与监督"三无"船舶认定至拆解过程中各环节权力之行使,"三无"船舶之认定、处罚、没收与拆解等环节应实行"执法与认定分离"、"处罚与收缴分离"、"没收与拆解分离"原则,由不同部门分别行使以免滋生腐败,以保护行政相对人合法权益。

3.梳理涉渔刑事犯罪、降低入罪门槛并完善移送机制

第一,要梳理涉渔刑事犯罪。渔业法第38、39、43、46、47条均规定,对一些情节严重之渔业违法行为,若构成犯罪,要依法追究行为人的刑事责任。

其一,渔业法规定涉嫌犯罪渔业违法行为之种类。渔业法第38条规定9种渔业违法行为涉嫌犯罪,即炸鱼、毒鱼、电鱼、违反禁渔区规定捕捞、违反禁渔期规定捕捞、使用禁用渔具捕捞、使用禁用方法捕捞、使用小于最小网目尺寸网具捕捞、捕捞渔获物中幼鱼超过规定比例;渔业法第39条规定4种渔业违法行为涉嫌犯罪,即偷捕、抢夺他人养殖水产品、破坏他人养殖水体或养殖设施;渔业法第43条规定3种渔业违法行为涉嫌犯罪,即伪造、变造、买卖捕捞许可证;渔业法第46条规定1种渔业违法行为涉嫌犯罪,即外国人、外国渔船擅自进入我国管辖水域从事渔业生产或渔业资源调查活动;渔业法第47条规定1种渔业违法行为涉嫌犯罪,即造成渔业水域生态环境破坏或渔业污染事故。

其二,上述渔业违法行为涉嫌罪名及其认定。渔业法第38条规定之9种渔业违法行为涉嫌构成非法捕捞水产品罪;渔业法第39条规定之偷捕他人养殖水产品违法行为涉嫌构成盗窃罪;渔业法第39条规定之抢夺他人养殖水产品渔业违法行为涉嫌构成抢夺罪;渔业法第39条规定之破坏他人养殖水体渔业违法行为涉嫌构成投放危险物质罪、爆炸罪或破坏生产经营罪;渔业法第39条规定之破坏他人养殖设施渔业违法行为涉嫌构成故意毁坏

财物罪;渔业法第 43 条规定之伪造、变造、买卖捕捞许可证渔业违法行为涉嫌构成妨害国家机关证件罪;渔业法第 46 条规定之外国人、外国渔船擅自进入我国管辖水域从事渔业生产或渔业资源调查活动渔业违法行为涉嫌构成犯罪;渔业法第 47 条规定之造成渔业水域生态环境破坏或渔业污染事故渔业违法行为涉嫌构成重大环境污染事故罪(王志明,2003)。

第二,降低入罪门槛。调研中渔政执法部门反映,由于海上一些渔船单次非法捕捞渔获物不一定达到"在海洋水域非法捕捞水产品二千千克以上或价值二万元以上",或者一些非法捕捞者为刻意规避刑事打击,在渔政执法人员登船检查之前干脆将渔获物倾倒海中,致无法认定其渔获物数量或价值,故建议增加"违法捕捞被查处两次以上者"为认定非法捕捞水产品罪"情节严重"之情形。

第三,完善案件移送机制。

其一,搭建平台并建立联络机制。各级渔政执法机关应与同级公安机关搭建联络平台,建立犯罪案件移送联系机构。《公安机关海上执法工作规定》明确了公安边防海警管辖发生在中国内水、领海、毗连区、专属经济区与大陆架违反公安行政管理法律、法规、规章之违法行为或涉嫌犯罪行为。渔政执法机关海上执法应加强与公安边防海警部门协作,保证工作联系与配合之各项措施落到实处。

其二,建立健全案件移送接办程序。渔政执法机关要坚持刑事优先原则,主动协调公安机关,联合制定具体规定,明确具体移送接办程序、形式与履行的手续,同时明确渔政执法、公安机关具体移送、接受机构,案卷材料与涉案物品移送、处理、退回程序,及移送期限、不依法移送与不依法接受移送之法律责任等,制定可操作性规定,以建立系统完备的案件移送制度。在移送涉嫌渔业犯罪案件时,应据不同阶段,移送相应材料,包括涉嫌犯罪案件移送书、案件情况调查报告、涉案物品清单、有关检验报告或鉴定结论及其他涉嫌犯罪材料。

其三,加强与公检法机关协调、合作,探讨移送渔业涉嫌犯罪案件标准。采取切实可行的措施,如建立联席会议制度,加强与公安等机关办案协调与配合,经常交流、通报情况,研究解决移送工作中存在之问题。针对移送案件定性、证据收集标准、证据转化及违法犯罪分子及违规渔船扣押等一系列问题提出切实可行的操作思路,减少扯皮、推诿,提高刑诉效率。

其四,完善监督机制,严格责任追究。渔政执法机构不仅要完善对涉嫌渔业违法犯罪案件的审核机制,同时要主动向社会公开并自觉接受社会监督。上一级渔政执法机构应将涉嫌渔业犯罪案件是否移送列为监督内容。对应移送而未移送涉嫌渔业犯罪案件,应依法追究有关人员行政责任,对徇私枉法、玩忽职守、包庇犯罪人员则由司法机关追究刑事责任。同时,应建立渔政执法机关与检察机关对渔业违法犯罪查处的联系制度、定期监督检查制度、主动介入制度等,充分发挥检察机关对渔政执法机关之外部监督作用(吴军杰 等,2010)。

第二节　浙江渔场修复行政执法问题及其对策

浙江渔场修复"一打三整治"专项执法行动之重点在于严格执行海洋渔业和海洋生态环境的法律规范,依照法治思维和法治方式开展专项执法活动,扭转以前海洋渔业执法不严、执法不力所造成的被动局面,通过常态化的严格执法打击各类渔业违法案件。只有通过严厉的行政制裁和刑事制裁,对危害海洋渔业的违法行为保持高压态势,才能取得专项行动的积极效果。然而"一打三整治"专项执法活动涉及的"点多"、"面广"、"线长"、"难度大",是综合性的执法行动。需要上下左右多部门配合,根据海洋渔业执法的特殊性,创新执法机制。

一、浙江渔场修复专项执法活动中的行政执法经验

"三无船舶"破坏了正常的渔业生产秩序,冲击了伏季休渔制度,浙江省开展的渔场修复"一打三整治"行动有效打击了"三无船舶",遏制住了其蔓延的势头,对稳定伏季休渔大局,保护渔业资源,恢复东海渔场有着重要作用。有关"东海无鱼"的话题在国内各大媒体连续报道,引起了社会广泛关注,浙江省委、省政府高度重视,主要领导分别做出重要批示。浙江省海洋与渔业局在多次调研、广泛征求意见的基础上,起草了浙江渔场修复振兴计划,并获省政府常务会议通过。2014 年 5 月 28 日,浙江省委、省政府召开专题会议进行部署。会议的召开,标志着浙江渔场修复振兴计划的第一大行动——"一打三整治"专项执法行动全面启动。

中共浙江省委、浙江省人民政府《关于修复振兴浙江渔场的若干意见》(浙委发〔2014〕19 号文件)提出:"探索构建专群结合的监管模式,健全部门协同、陆海联动、省际互动的海上联合执法模式","坚持政府主导、上下联动、部门联动、海路联动"。这为浙江渔场"一打三整治"专项执法活动执法

模式定下了基调,提供了思路。浙江省在"一打三整治"执法活动中的主要经验有以下几个两方面:

(一)加强组织领导,全面推进执法活动

2014年浙江省委十三届五次全会做出的"关于建设美丽浙江创造美好生活的决定",将浙江渔场修复振兴作为近期要取得突破的重点工作,要求着力建设海上粮仓,找回东海"这条鱼"。省委书记夏宝龙明确指出,要把"一打三整治"作为浙江转型升级组合拳的重要一招,不获全胜绝不收兵;省政府常务会议专题研究,省长李强在《政府工作报告》中明确提出要"修复振兴浙江渔场"。省委、省政府专门印发《关于修复振兴浙江渔场的若干意见》(浙委发〔2014〕19号),成立了由省委副书记、副省长任正副组长,政法、宣传、综治、信访、经信、公安、财政、交通、商务、工商、海事、边防、海洋与渔业等28个省级相关部门和沿海四市党政负责同志为成员的行动协调小组,落实部门职责和属地责任,制订考核办法,对沿海6个市、30个县下达年度任务书,并列入"平安浙江"和各市政府目标责任制考核,明确提出"要以铁的决心、铁的行动、铁的纪律,实施铁腕治渔,建设'海上粮仓'"。一年多来,浙江省委、省政府领导亲力亲为、以上率下,深入渔区、深入基层,深入矛盾最尖锐、任务最繁重的地区督查调研,狠抓推进;省人大、省政协专门组织开展对口指导和协商,在法律保障、提案建议等方面,对"一打三整治"工作给予大力支持。沿海各地党委、政府积极响应,各级党政一把手亲自挂帅、亲自研究、亲自处置,建立组织机构,健全工作机制,落实责任举措,确保任务到乡镇、落地到村船,为强势推进渔场修复振兴暨"一打三整治"专项行动奠定了基础。

2014年6月30日,宁波市委、市政府根据文件精神,成立了宁波市"一打三整治"行动协调小组,市协调办公室设在宁波市海洋渔业局,具体工作以宁波市海洋渔业局为主体进行开展,其他相关职能部门相配合。在任务较重的象山县和奉化市,县委书记、市长分别任协调小组正副组长,强力推进专项执法行动。宁波市委、市政府领导多次带队到象山、宁海、奉化等地,对执法活动进行实地督查。市协调办公室统一制定印发专项执法实施方案、行动计划、责任分解、目标考核等文件,组成6个督导组开展督导。实践证明,通过有效的组织领导,全面推进专项执法工作,可以实现联合执法、交叉执法、海陆结合,实现海上、港口、码头行政执法的"点"、"面"结合,有计划有组织整体性推进工作开展,避免了各部门职责不清,配合不力,工作推进不顺。

2016年7月28日—31日,浙江省"五进五送五宣传"奉化督查组一行5人来到奉化就"幼鱼保护攻坚战、伏季休渔保卫战"专项行动开展情况进行督查。这也是浙江渔场修复振兴暨"一打三整治"行动2016年开展的第三次督查。7月28日,浙江省海洋与渔业局五进五送五宣传奉化组乘坐中国海监7022巡查岸线码头,检查奉化渔船伏休情况,登船检查即将开捕的流刺网船。7月29日,在奉化市方国波副市长陪同下,省督查组一行实地检查了庄山菜场、城区某饭店、桐照永浩鱼粉加工厂等地,重点就取缔禁用渔具和监管违禁渔获物购销、保护幼鱼资源、抓好伏休管理、加强渔业安全生产等内容进行了检查。7月30日上午,宁波市局李时兴处长、奉化局方林龙委员陪同省五进五送五宣传奉化督查组检查奉化桐照船舶修造厂和奉化市新联渔轮修造厂,检查相关台账和现场检查造船情况,并对前两次检查到的问题回头看,下午在奉化市海洋与渔业局听取相关工作汇报,查看台账,并对奉化局近期所作工作提出指导意见。为打好幼鱼保护攻坚战,奉化市海洋与渔业局与市场监管局、商务局等部门海陆联动开展联合执法,并对水产交易场所、重点饭店、水产冷库、鱼粉厂、养殖场等进行了突击检查。同时,向渔民、涉渔企业负责人、水产经营户等加强了幼鱼保护政策等宣传。在"伏季休渔保卫战"中,奉化市海洋与渔业局加强了对渔民,特别是船老大的培训教育,增强他们的法制意识、安全意识;全力组织开展海上执法检查,执法人员全天候守护着辖区内海域;同时,强化伏休期间渔船管理,严格落实"定人联船"制度等。检查中,省督查组要求在下一步工作中要继续对相关车辆、市场等进行严查;要建立部门协调机制,明确责任,加大日常巡查力度;同时要进一步加强对渔民的教育,打好取缔禁用渔具和保护幼鱼资源攻坚战。

此外,浙江省大力加强了宣传活动。渔场修复振兴,特别是"一打三整治"行动离不开普遍认同的社会氛围,为此该省把宣传渔场修复振兴作为增强全民海洋意识的重要抓手,按照"打击一批、团结一批、争取一批"的工作方针,全方位、多形式、针对性地开展宣传教育活动。一方面加强对捕捞渔民、渔运船主及涉渔企业的法规宣传教育,进村、入户、上船、到厂开展政策解读,营造"保资源就是保饭碗""偷捕可耻、违规重罚""酷渔滥捕、祸及子孙"等的浓厚氛围;另一方面加强舆论引导和社会监督,让社会各界都了解"东海无鱼"的严重性、"竭泽而渔"的危害性和渔场修复的重要性,树立守法捕鱼、诚信经营的正面典型,曝光违法违规案例,建立监督举报机制,营造人人关心、支持渔场修复振兴的浓厚氛围。

（二）保持高压态势，严厉打击违法行为

浙江渔场修复"一打三整治"作为几十年来"头一遭"的工作，推进过程中不可避免会遇到许多困难和阻力。行动初始，一些基层干部不理解、有抵触，取缔"三无"渔船有难度；海上暴力抗法、暴力逃逸现象严重，执法有难度；违规违禁渔具量大面广，整治有困难。为此，浙江省把制定落实政策作为关键点，在广泛听取基层干部和渔民群众意见建议的基础上，坚持以法治思维和法治方式，研究制定了"一打三整治"工作方案，以及涉渔"三无"船舶拆解取缔、禁用渔具整治、渔船制造审批等一批政策和工作规则，明确涉渔"三无"船舶必须按照"全面、干净、彻底"、"可核查，不可逆"的原则，不管新老大小，不管是本地的还是外来的，不管是在海上的还是已在港口的，一律查扣、限期取缔；对制售使用地笼网、串网、电脉冲等禁用渔具的行为，一律从重打击、全面清理。建立健全"三无"渔船取缔、违禁网具清理等工作信息和进展情况通报机制，通过"旬通报、月督查、季点评"办法，将各地工作实绩与用海指标安排、涉海涉渔项目支持等相挂钩，在全省形成了比学赶超、加快推进的良好格局。

专项行动实施以来，宁波市海洋渔业执法部门始终保持高压态势，严厉打击涉渔"三无"船舶非法捕捞和其他非法涉渔行为，以执法促上交，以打击促取缔，彻底打消涉渔"三无"船舶船主观望心理。在渔船最多的象山港，宁波海监渔政支队设立象山港基地，形成了象山港海洋与渔业上下联动的统一执法机制。开展涉渔专项执法行动，执法船不间断进行海上及港口巡航。同时加强对渔船修造企业的监管排查，查处违法违规建造渔船行为。组织开展清理整治辖区沿岸滩涂违规禁用渔具及碍航渔网渔具的专项行动。推进海洋环境污染整治专项执法行动，加强近岸海域巡查次数，从严查处海砂盗采、违法违规围填海、违法倾倒废物、违法排污等案件。

海洋渔业执法领域，绝不应成为检察机关监督的盲区。2016年6月24日，浙江省检察院制定开展破坏浙江渔场渔业资源犯罪专项立案监督活动实施方案，在沿海的宁波、温州、嘉兴、绍兴、舟山、台州等市检察院，部署开展专项立案监督活动。检察机关对海洋渔业执法开展专项立案监督，这在全国尚属首次。据初步统计，截至2016年6月底，全省检察机关已监督海洋渔业部门向公安（边防、海警）移送涉嫌非法捕捞水产品案件19件58人，公安（边防、海警）已立案18件57人。

（三）采取堵疏结合、打转并举，形成各方联动态势

浙江紧紧围绕市场、渔场、船厂，以加强伏休监管为契机，大力开展"清海""清港""清网""清市"综合执法，严惩非法造船、非法制售渔具、非法供油供冰、非法捕捞、非法购销渔获物、非法采捕红珊瑚等行为，清理地笼网、电脉冲等绝户网类渔具，形成了"海上打、港口堵、市场查"的全方位、立体式打控格局，全面挤压违法活动空间，彻底掐断"黑色产业链"。由于"一打三整治"行动涉及沿海广大渔民群众的切身利益，稍有不慎，容易影响渔区社会的稳定。对此，浙江省高度重视，沿海所有县（市、区）都出台了转产帮扶、养老保险、促进渔民就业等具体措施，鼓励"三无"船主"以主动弃捕换养老、换补助、换再就业"，着力保障生计渔民的生产生活。如象山县拿出 1.2 亿元专门用于扶持渔民转产和生活补助，温岭、玉环、临海等地在解决渔民养老保障方面积极探索，苍南县调拨 600 多个岗位安排"失船"渔民再就业。通过引导，全省 79.6％的涉渔"三无"船舶愿意主动上交政府处置，"一打三整治"行动开展以来，沿海渔区形势总体平稳。

省级有关部门立足各自职能，各司其职、各负其责，协同发力。省委组织部将"一打三整治"相关工作内容列入群众路线教育活动"回头看"的内容之一；省委宣传部组织各家媒体深入基层、开设专栏、广泛宣传，营造良好的社会舆论氛围；省政法委协调公、检、法等司法部门，出台"八部门联合通告"、"行司结合指导意见"，促进了渔业执法与刑事司法的有效衔接；省发改委、财政厅对资金项目给予保障；省人社厅等部门积极研究，推动渔民养老保障工作；省教育厅、团省委等单位组织大学生志愿者开展拯救渔场暑期社会实践活动；渔业、经信、公安（边防、海警）、商务、工商、安监、海事等部门建立了联勤执法机制，分别牵头开展涉渔生产经营领域"五大"执法行动和打击非法采捕红珊瑚行动；信访、金融办等部门都尽心尽力，全力支持浙江渔场修复振兴工作。此外，福建、江苏、上海等省市渔业部门积极协助该省，合力围堵、追捕逃至省外的涉渔"三无"船舶。

2016 年 6 月 14 日，浙江省检察院召开相关会议，对加强海洋渔业执法活动的法律监督工作进行动员部署，之后又制定实施方案，决定从 2016 年 6 月至 12 月开展破坏浙江渔场渔业资源犯罪阶段性专项立案监督活动，以法治推进、保障、引导浙江渔场修复振兴计划。根据方案，非法捕捞水产品、污染海洋环境两类犯罪是此次立案监督专项活动的重点。在具体监督工作中，重点监督四种情形：海洋渔业等行政执法机关对涉嫌非法捕捞水产品犯

罪的案件只做行政处罚,未移送公安(边防、海警)机关追究刑事责任的;公安(边防、海警)机关对海洋渔业等行政执法机关移送的涉嫌非法捕捞水产品犯罪案件不予立案或者退回、不予受理的;环保行政执法机关对以直接入海排污等方式涉嫌污染环境犯罪的案件该移送不移送,公安机关该立案不立案的;有关行政执法中存在失职、渎职行为的。

下一步,浙江省将进一步深化渔场修复"一打三整治"专项执法行动,着力完善依法治渔制度体系,下大力气抓好渔民生计保障,切实将"一打三整治"工作进行到底,积极探索一条资源、环境、产业、民生统筹协调的发展新路子,为促进渔业可持续发展,让渔区渔民过上美好生活,做出应有的贡献!

二、浙江渔场修复专项行政执法存在的问题

海洋渔业行政执法涉及执法环境、执法依据、执法体制、执法机制、执法手段等各方面,在浙江渔场修复特别是"一打三整治"过程中,浙江海洋渔业行政执法在这几个方面也存在着不同程度的困难和问题。

(一)海洋渔业行政执法环境较差,省际执行力度不一

虽然浙江省、市、县各级党委和政府高度重视"一打三整治"活动,但海洋行政执法环境依然不容乐观。具体表现在:第一,执法对象范围大。专项执法活动涉及涉渔"三无"船舶、禁用渔具、违法海运船、海洋环境污染,是对浙江海洋渔业和海洋环境的全面整治。基层海洋执法部门直接面对渔民群体,扣押、罚没渔船渔具对渔民来说,意味着生计和出路问题,因此会形成直接的利益冲突,存在大量的信访活动。在利益驱动下容易导致群体性事件乃至暴力抗法,违规违法行为容易死灰复燃,卷土重来。第二,执法压力大。在维护社会稳定的前提下,进行严格执法,对涉渔违法行为保持高压态势,使基层海洋执法组织和执法人员面临着巨大挑战。多年执法不力造成的执法"欠账"所形成的违法惯性使得海洋行政执法任务非常艰巨。第三,海洋法律规范过于陈旧,行政处罚力度不足。《渔业法》内容远远落后于海洋渔业的现实,其所规范的违法情形、处罚种类和力度满足不了海洋行政执法需要,而《渔业法实施细则》自1987年以来未做实质性修改。此外《渔业法》有关对渔业违法行为的行政罚款最高额度为5万元,对违法捕捞者毫无威慑力,违法者将罚款视为一种成本,往往愿意主动缴纳甚至多缴。同时中国的海洋管理法律、法规和政策多为不同部门所制定,缺乏全局性和整体性,无法为海洋事务和海洋权益的不断拓展提供强有力的法律依据(阎铁毅 等,2011)。

更为重要的是,浙江省与滨海邻省没有同步进行"一打三整治"专项执法行动,邻省渔船特别是山东、福建渔船进入浙江省海域非法捕捞作业,增加了宁波海洋渔业行政执法的工作量和难度,暴力抗拒执法现象较为突出,对实现"一打三整治"的目标会产生阻碍。如果不能做到执法行动的全国一盘棋,一碗水端平,将会极大影响浙江省渔民支持专项行动的决心。

(二)地方海洋渔业行政执法体制尚未理顺

海洋行政执法体制是指海洋行政执法权限及权力的分配问题。我国海洋行政执法体制既有中央统一垂直管理的组织,也有分级管理的部门,纵横交错。长期以来,我们缺乏对海洋行政执法特殊性的认识,海洋行政执法体制的改革跟不上海洋管理形势的需要。

根据"十八大"会议精神,按照"大部制"改革方案,2013年3月《国务院机构改革和职能转变方案》通过后,为推进海上统一执法,提高执法效能,已将中国国家海洋局海监总队、公安部边防海警部队、农业部渔政局、海关总署海上缉私警察的队伍和职责整合,统一成立中华人民共和国海警局,归入国土资源部下海洋局,接受公安部业务指导。对外以海警局的名义开展维权执法,实现国家层面上的渔洋(渔业)执法体制的统一。

但在我国地方,目前还没有完成相应执法部门的统一,没有实现机构、人员、队伍的统一。地方海洋与渔业行政执法体制不顺,有边防海警、海监、海事、渔政、海关缉私五个部门,分别隶属于不同的行政部门,表面看各负其责,但在具体行政执法过程中很难有效维护海洋管理秩序,海洋渔业管理的效率和效果大受影响,"五龙治水"的弊端在地方层面尚未解决。此外在浙江渔场"一打三整治"专项行动中,还涉及环保部门、国土资源部门、市场监管、旅游等部门的执法权限问题。

执法体制不顺造成海洋渔业执法上的操作困难,如海洋渔业行政执法人员渔政和海监的制服轮流穿,海域巡海时穿海监制服,以海监名义执法;而渔业执法时换穿渔政制服,以渔政名义执法。在理论上,海监发现违法捕捞问题,通知具有行政执法权的渔政,但渔政虽具有行政处罚权和行政强制权,却没有警察权(限制人身自由的权力),所以需要申请公安边防海警的配合,这样执法成本非常高,资源浪费严重,而且没有效率。在宁波开展"一打三整治"专项活动中,在"一打"过程中由于有了边防海警积极配合海洋渔政部门,在很大程度上保证了对非法捕捞的治理,但如果不解决行政执法机制问题,这样的配合是否可持续是值得怀疑的。

　　由于行政执法体制的不顺,造成执法成本过高,效率低下,不能有效地治理非法捕捞行为。特别是对山东、福建等外省渔船在浙江伏季休渔期进入渔场非法捕鱼的处置,渔政船很难实施行政处罚和查扣措施,甚至行政执法人员本身会面临人身威胁,执法效果不佳。此外在海洋环境污染处理、非法渔具罚没等具体执法方面,如果按照现有的地方行政执法体制,同样效率不高。

　　(三)行政执法风险过高,不利于打击海上非法捕捞

　　海洋渔业行政执法面临两大风险,一个是海上行政执法的违法风险,另一个是执法船只和人员的安全问题。对此,基层执法人员反应非常强烈。

　　海上行政执法不同于陆地行政执法,在调查取证、固定证据、履行行政处罚程序以及行政处罚决定执行等各个方面都具有很大困难,而根据《行政处罚法》等法律规范的规定,没有违法事实依据和违反法定程序的,处罚无效。但海上风大浪高,难以录音摄像,渔民随时可以将非法捕捞物和违法渔具丢入汪洋大海,毁灭证据。无法实施行政处罚法规定的告知程序和听取陈述申辩程序等,海洋渔政执法如果不能够处理好这些问题,将会面临行政诉讼败诉的风险。很多情况下是有法难依,如果严格按照现有法律规定进行海上执法,难以保障效率,同时对违法违规现象也没有威慑力。

　　另一个风险是执法船只和执法人员的风险,渔民如果不配合执法或者暴力抗法,可能拒绝执法人员上船执法,甚至冲撞执法船只,造成船毁人亡的后果。海上执法需要登上渔船进行取证、查验船舶证书,但有的外省渔船很大,渔政船很难靠上去,需要三五艘渔政船才有可能围堵住涉嫌违法渔船。甚至有的渔船为防止执法人员跳帮登船,在船边设置尖刺或涂抹油脂,对执法人员的执法检查构成极大的人身威胁。此外如果执法人员与渔民发生冲突,在海上的特殊环境下,也容易产生渔民意外伤亡的危险,一旦执法中发生伤亡情况,执法单位与执法人员将面临社会的舆论指责、行政追责、国家赔偿各种法律与非法律的风险。这些都导致海上渔业执法顾忌重重。

　　造成上述风险的原因有三:第一,现有行政处罚等法律规范没有考虑到海上行政执法的特殊性,法律规范严重脱离于海上行政执法现实,对海洋渔业行政执法程序要求过高,导致有法难依,不利于有效打击违法涉渔行为;第二,地方海洋行政执法体制不顺,没有形成中央层面那样的海警局体制,行政执法效率不高,对违法者震慑力不足,执法力量过软;第三,海洋行政执法人员不足,装备相对落后,不足以有效打击违法捕捞行为。如宁波市象山县有三千多艘渔船,而渔政船只有3艘,比例严重失调。而宁波市鄞州区甚

至没有渔政执法船,进行执法巡逻需要借用其他市县的执法船舶。

（四）协同执法存在困难,部门联动机制尚未有效建立

浙江渔场修复是一个整体性的专项执法活动,如果局限于中游的整治"三无"船舶,不能打击上游和下游的违法行为,可能在利益驱动下,使非法捕捞暗流涌动,死灰复燃。事实上,对渔业资源破坏力最大的是非法渔具和违规提高渔船马力两种形式。如果上游的渔船渔具的管理执法问题,违法网具的制作和销售问题,下游的捕捞品销售的监督执法问题没有得到有效的治理,会大大影响浙江渔场修复的效果。违法的网具有两种,一种是滩涂串网、地笼网等禁用性网具;另一种是违反指定规格的违规性网具。而目前捕鱼网具规格百分之百不合格。这两种网具的产地基本在山东、湖南,如果不对生产和销售禁用和违规网具进行严厉查处,那么将导致守法的人吃亏,渔民们抱着法不责众心理仍然会继续使用违规渔具作业,这将严重影响海洋渔业生态修复。这就要求在上游的质量技术监督部门、市场监管职能部门严厉打击生产和销售禁用及违规网具的行为。在下游,在伏休期海产品批发市场上出现新鲜捕捞海产品销售,表明有非法捕捞者,而且在伏休期非法捕捞的利益更大,如果不对违法捕捞品的销售行为进行制裁,那么会纵容非法捕捞行为,破坏休渔的实际效果。因此需要市场监管部门严格执法,在伏休期查处销售新鲜捕捞海产品的违法行为。

综上,目前浙江渔场"一打三整治"需要加强协调联动,但部门之间尚未建立有效的联动机制。

三、加强浙江渔场修复综合执法的对策建议

通过对一年多来浙江渔场修复特别是"一打三整治"专项执法活动的总结,本著作认为有以下几点经验值得肯定:

第一,党委和政府的高度重视和直接指挥是取得专项执法活动成功的关键。市、县各政府职能部门出于对"权力清单"的考虑,往往对综合执法和联合执法怀有畏难心理,担心超出法定职权范围而承担法律责任。或者受到执法力量的限制,乃至考虑到执法的难度而配合不够积极。因此需要以党委和政府来积极推动专项执法行动。尤其涉及职权职责界限冲突、地域海域界限冲突的情况,更需要党委和政府进行统一协调、统筹安排。因此浙江渔场修复行政执法长效机制的建立工作就需要继续由各级党委政府主持,主管领导常态性指挥部署,协调各部门的工作,而不仅仅是将任务分解到各职能部门。

第二,需要形成多部门协同配合的常设机构。目前海洋渔业行政管理部门承担了浙江渔场修复特别是"一打三整治"的主要工作,执法力量不足,也调动不了其他职能部门,将全部工作压在一个部门头上导致难堪重负。而打击涉渔"三无"船舶和违反伏休规定等违法生产经营行为,开展"船证不符"捕捞渔船整治、禁用渔具整治、污染海洋环境行政整治的工作涉及市场监督管理、质量技术监督、环境保护等多个职能部门,因此可以借鉴"三改一拆"专项行动中的做法,抽调主要职能部门的工作人员组成"一打三整治"专项执法行动办公室,由市、县政府直接指挥,处置专项执法活动中的具体问题。

第三,加快成立海洋渔业综合执法机构并建立统一海洋执法队伍。从修复振兴浙江海洋渔场、保护海洋生态环境的长效机制看,目前的渔政行政管理部门,无论是从人员到装备,从取证到执法权限等各个方面都难以适应查处违法捕捞行为的形势需要。在国家层面上,完成了中国海警局的"大三定"之后,各地方应积极推进地方在海洋执法体制方面进行改革,依法实现中国海警机构在地方上的"小三定"的落实,同时协调与中国海事局的工作,加强海洋综合执法的力量。

第四,开展省际修复振兴海洋渔业合作并加强省际海洋渔业执法合作。通过中央层面统一部署,开展全国性的海洋渔业修复和海洋生态保护行动,加强沿海各省海洋渔业行政执法合作沟通。可以通过沿海各省海洋渔业工作协调会制度来协商解决省际海洋行政执法的问题和矛盾;可以建立省际海洋行政执法信息通报共享制度;可以通过省际行政契约方式确定各省之间的海洋行政执法协作的权利义务;可以建立海洋行政执法协调工作的监督制度和奖惩制度。通过以上制度,构建全国海洋渔业行政执法的统一格局,建立省际海洋行政执法的协调合作机制。从长远看,恢复海洋生态保护海洋环境,必须克服地方保护主义,通过中央层面统筹推进,建立全国性的海洋行政综合执法机制(周立波,2008)。

必须明确的是,海洋行政执法是浙江渔场修复的重要内容,但不是专项行动的全部,振兴修复浙江渔场仅依靠海洋行政执法不能解决全部问题。浙江渔场修复要取得成功并形成长效机制,需要统筹安排,全面规划,在依法打击海洋渔业领域违法犯罪的同时,需要在提高海洋资源开发能力、发展海洋经济的同时,切实保护好海洋生态环境,具体采取减船限产、增殖放流、发展海洋旅游等具体措施,出台指引渔民产业转型,提高渔民社会保障等公共政策,实现海洋经济的可持续发展。

第六章　浙江渔场修复之减船转产及渔民的社会保障问题研究

第一节　浙江渔场修复的"减船转产"问题及其对策

本著作认为,要保护"一打三整治"专项执法活动的成果,在观念上要明确专项执法活动是手段而不是目的。"一打三整治"专项执法活动的目的是修复与振兴浙江渔场与东海渔场,而遏制过度捕捞是拯救浙江渔场、实现渔场修复振兴的关键。修复与振兴浙江渔场除了"一打"之外,重点还在于落实"减船转产"政策,只有通过有效地控制捕捞规模,防止捕捞的无序增长,方能实现浙江渔场的修复与振兴。

一、"减船转产"是修复浙江渔场的关键

通过对海洋渔业行政主管部门及渔民的调研,从政府到渔业生产者,大家对浙江渔场修复专项执法活动的必要性都有共识,都认为,再不对违法违规的捕捞行为进行打击与治理,东海无鱼的形势将会越来越严峻。

据统计,浙江渔船的总动力已由 1985 年的 79.8 万千瓦飙升至 2014 年的 361 万千瓦,占到全国的 1/4。同时截止到 2014 年 8 月,浙江捕捞船平均马力数已达 109 千瓦,远高于全国 38 千瓦的平均值(祝梅 等,2014)。捕捞强度过大,随意违规增加渔船的功率、扩大渔船的主尺寸,是造成目前海洋渔业资源破坏的主要原因,也是造成东海无鱼可捕的主要原因。

为控制捕捞强度,早从 2002 年开始,农业部就在实施"减船转产"政策,

目标是 5 年内减船 3 万艘,约 30 万渔民实现转产转业,这项工作一直在缓慢地推进,但效果不佳。本著作认为,修复与振兴浙江渔场除了巩固"一打"成果之外,下一阶段的主要工作应转到落实"减船转产"政策,只有这样才能实现浙江渔场的修复。

无论是省委省政府的指导意见,还是浙江省的地方性法规,都为"减船转产"确立了依据。2014 年 7 月 18 日,浙江省委、省政府出台《关于修复振兴浙江渔场的若干意见》(浙委发〔2014〕19 号),该《意见》第二部分"重点行动"从保障沿海渔民群众长久生计、实现海洋渔业可持续发展出发,提出开展"减船转产"专项行动,内容包括:压减海洋捕捞能力,严格渔业捕捞许可,加强渔业船员管理;调整完善渔业规费和补助政策,完善渔业油价补贴方式,使之与渔业资源保护和产业结构调整相协调。2014 年 12 月 24 日,浙江省第十二届人民代表大会常务委员会第十五次会议通过的《浙江省渔港渔业船舶管理条例》修正案中对有关县级以上人民政府"加大转产转业政策扶持力度,支持渔民减船转产"职责进行了明确。提出要加大政策扶持力度,促进渔民减船转产为有效压减海洋捕捞能力、引导渔民转产转业,实现海洋捕捞强度与海洋渔业资源可捕量相适应。同时规定,鼓励海洋捕捞渔船所有人交回海洋捕捞渔船建造、更新指标,转产从事其他产业。对交回指标的海洋捕捞渔船所有人,有关部门应当按照国家和省有关规定,给予资金补助、转产培训、养老保险等保障。

本著作认为,在落实"减船转产"政策中,要强化政府对市场及经济调控重要性的认识。市场这只无形的手,曾经将不少渔民从捕鱼业赶到货运业,又从货运业重新赶回捕鱼业。在 2006 年之前,因为捕鱼成本高、招不到船员等原因,在非禁渔期有半数渔船泊在港内,没有出海捕鱼。因为赚不到钱,许多渔民转而进军海上运输业,渔船数量大大减少。然而,2008 年的一场金融危机给了海上运输业一记重拳,导致目前为止海上运输业仍低迷徘徊,利润空间不大,已不被渔民看好。同时,自 2006 年农业部出台了柴油补助政策(符合标准的渔船每年可得到少则 40 万元,多则 70 万元的补贴),使得不少已经转产转业的渔民又纷纷起锚。

本著作认为,目前渔业经济中维持着基本稳定的主要政策即国家的渔业油价补贴政策。政府可以因势利导地借助渔业油价补贴这一经济杠杆的作用,通过赎买马力指标、政府回购老旧渔船等方式控制捕捞规模,实现"减船"与"转产",并合理有效地调控柴油补贴款,用于渔民的养老保险,社会保障,或者改善渔区的基础设施,实现渔民的转产转业,并最终实现浙江渔场的修复与振兴。

二、目前浙江"减船转产"的困难

本著作成员与从事渔业监督管理的一线工作人员,对渔民进行面对面的调研,基本能得出这样一个结论:现在年轻人越来越不愿意从事渔业的生产,也有越来越多上了年纪的渔民,因为年龄、渔船老旧等因素,有意向退出渔业生产。如果国家能够以合理的价格(与目前市场价格相当或持平)回购老旧渔船及其马力指标,本著作认为是可以实现"减船转产"的。

早在 2003 年 9 月 18 日,财政部、农业部就出台了《海洋捕捞渔民转产转业专项资金使用管理规定》,由中央财政设立专项补助资金,以解决弃海渔民转产转业后顾之忧。此后省市政府部门根据国家财政部、农业部和浙江省财政厅、渔业局文件精神,积极引导帮助捕捞渔民从海洋捕捞向其他相关行业转移,寻找新的发展空间,开拓新的发展领域。

依据浙江省海洋与渔业局《关于申报 2012 年海洋捕捞渔民减船转产补助资金的通知》(浙海渔计〔2012〕77 号),该通知第二条减船补助标准规定,凡持《海洋渔业捕捞许可证》的渔船按规定报废拆解(或沉海作人工鱼礁)后,补助 2500 元/千瓦(以许可证记载的主机功率为准);凡持《临时渔业捕捞许可证》的渔船按规定报废拆解(或沉海作人工鱼礁)后,补助 1250 元/千瓦(以许可证记载的主机功率为准)。拆船工作补助经费按《海洋捕捞渔民转产转业专项资金使用管理规定》(财办农〔2003〕116 号)中确定的标准不变。

而事实上,由于国家为实现海洋捕捞的可持续发展,从 20 世纪 70 年代末 80 年代初开始,对近海捕捞渔船实行"双控"制度,即对捕捞渔船的总量进行控制,现有近海捕捞渔船的更新必须实行更新一艘淘汰一艘的办法;对捕捞渔船主机马力总量进行控制,更新现有捕捞渔船的主机马力必须在国家下达的船网工具控制指标内。再加上渔业油价补贴政策的实施,这就使得渔船马力指标成了稀缺资源。2006 年,一艘渔船每千瓦的指标价格约在800 元,短短 7 年之后,马力指标翻了 10 到 20 倍。在 2014 年,一艘渔船每千瓦的马力指标价格约在 8000 元。

显然国家报废拆解的补偿标准与目前市场上的马力指标的价格差距过大,在现行的报废补助标准下,劣质破旧渔船报废占到了绝大多数。作为理性经济人的渔民,自然会追求自身利益的最大化,加上子女教育、医疗、养老等后续转产的压力,他们是不愿意以如此之低的价格将渔船交给国家的,即便放弃捕鱼去从事其他行业也会以其他方式将渔船及马力指标非法地转让出去以获利。因此,如果政府不提高渔民转产转业补助标准,就没办法在目前的状态下实现"减船转产"。

三、目前浙江"三整治"措施不利于实现"减船转业"

船证不符的渔船,包括"中国渔政管理指挥系统"在册的海洋捕捞渔船,因擅自更新改造、套用原船证书制造或购置渔船,导致船舶的实际主尺度、主机功率与相应证书记载内容不一致的各种情形。

根据浙江省海洋与渔业局于 2013 年印发的《关于全省"船证不符"渔船治理工作的通知》(浙海渔政〔2013〕53 号),船证不符主要表现形式有以下情形:第一,套用原船证书制造或购置渔船;第二,擅自变更渔船主尺度;第三,擅自更换主机扩大主机功率;第四,其他与证书记载情况不符的情形。其中擅自变更渔船主尺度、擅自更换主机扩大主机功率成为目前捕捞规模过大、捕捞强度过度的主要原因。根据 2014 年印发的《关于加快进程做好全省"船证不符"渔船治理工作的通知》(浙海渔政〔2014〕17 号),此次"船证不符"治理主要涉及"套用原船证书制造或购置渔船、擅自变更渔船主尺度和擅自更换主机扩大主机功率"三种情形。从宁波市海洋与渔业局提供的数据来看,经过一年的努力,在"一打三整治"专项执法活动中,全宁波市共核查确认"船证不符"捕捞渔船有 2796 艘,截至 2015 年 6 月初,已按浙江省渔洋与渔业局文件规定要求完成整治 2047 艘,占"船证不符"船数的 73.2%。

根据浙海渔政〔2013〕53 号文件,对经勘验实船主机功率与证书功率不符的渔船,采取以下三种措施:

第一,更换主机,应按照渔业捕捞许可证载明功率更换成相匹配的主机。这就涉及渔船主机的改造,特别是对于超出核定功率的主机,要拆除并更换功率小号的主机。这一做法是不现实的,这不仅涉及改造成本过大的经济原因,而且也涉及减少了主机功率会导致根本拉不动相应大尺寸船舶的航行实际原因。因此,这种措施目前根本不可行。

第二,以村社、公司等基层渔业组织为单位由县级渔业主管部门通过并购方式统筹解决船网工具指标,补齐功率缺口。这种措施,要求补齐功率缺口,也即要求渔船去购买所缺的马力指标。要求渔船自行补缺马力指标,就要求购买、淘汰现有的渔船,且不说一艘渔船的价格不菲,关键是指标无处可买。因此,这一处理措施同样没有太多的可行性。

第三,各县(市、区)渔业主管部门要指定渔港,实行非休(伏休)渔期限内"多休减捕"特别规定。实船主机功率超过证书功率 100% 及以上的每年多休 3 个月,超过 50% 及以上但不到 100% 的每年多休 2 个月,超过不到 50% 的每年多休 1 个月。"多休减捕"事项必须定期公告;县级渔业主管部门要明确分管领导,落实管理部门;乡镇、村社(公司)要指定专人,明确责任,实施"船进港、网入库、证上交"的管理。违反"多休减捕"规定的取消当年度渔业油价补助。采取以上两种方式处置的渔船,允许在船检证书和渔业捕捞许可证中同时据实备注功率。这一措施是目前对船证不符渔船的主要处理措施,也是渔船主最能接受的处罚措施。但带来的问题有两方面:一方面是给渔政部门的监管带来了极大的困难——什么时间休,在哪里休,监管能否落到实处,成为检验该措施有效与否的主要难题;另一方面,多休能否切实地起到降低捕捞规模的效果也值得研究。很多渔船在渔业淡季也基本处于休闲的状态,如果这些渔船都选择将渔业淡季作为增加休渔的时段,那么对整体的捕捞强度起多大的效果是值得推敲的。

四、充实海洋捕捞渔民转产转业专项资金,实现"减船转产"

本著作认为,在当下,政府可以通过充实海洋捕捞渔民转产转业专项资金,通过政策与资金两方面引导渔民减船转产,通过赎买马力指标、政府回购老旧渔船等方式控制捕捞规模,可以通过调整渔船油价补贴政策实现"减船"与"转产"。另外,政府可以将海洋捕捞渔民转产转业专项资金,用于渔民的养老保险,社会保障,或者改善渔区的基础设施,实现渔民的转产转业。通过政策导向,解决目前严重过剩的捕捞能力,逐步恢复海洋渔业资源,促进海洋渔业的可持续发展。

本著作认为,可以从下面两个方面去夯实海洋捕捞渔民转产转业专项资金。

(一)变"休渔减捕"为向政府购买超标马力指标

如上所述,目前省市县用于整治"船证"不符船舶的,主要措施为"休渔减捕"。本著作并不看好这一措施的效果,建议停止该整治措施,改为按市场价格直接向政府购买超出的马力指标,其所得纳入海洋捕捞渔民转产转业专项资金。

本著作认为,在当前环境下,要求渔船补足超标的马力指标,让其合法化不失为一种可行而有效的解决问题的方法。通过出价购买这部分马力指标的缺口,实现资金向海洋捕捞渔民转产转业专项资金转移,然后由政府对渔业生产市场进行赎买,实现老旧渔船的报废与拆解,从而在总量上减少渔船的数量。当然这一措施是"三整治"过程中的临时性措施,并非长期有效的制度。

(二)调整渔业油价补贴政策

油价补助是国家为实施成品油价格和税费改革、解决部分困难群体和公益性行业而实行的一项补助政策。这对维护广大渔民群众的切身利益和渔区经济社会的繁荣稳定,对推动渔业规范化管理和渔业可持续发展具有十分重要的作用。根据财政部等七部门《关于成品油价格和税费改革后进一步完善种粮农民部分困难群体和公益性行业补贴机制的通知》(财建〔2009〕1号)规定,财政部、农业部印发了《〈渔业成品油价格补助专项资金管理暂行办法〉的通知》(财建〔2009〕1006号),该暂行办法自2010年1月1日起实施。

该办法的第六条规定,当国家确定的成品油出厂价高于2006年成品油价格改革时的分品种成品油出厂价(汽油4400元/吨、柴油3870元/吨)时,启动补贴机制;低于上述价格时,停止补贴。由于每年的柴油价格都在变化,因此每年发放的柴油补贴金额不同,仅宁波市一地,2013年度补贴资金就高达134590万元,补贴渔船总数6717艘(宁波专员办,2015)。据海洋渔业部门介绍,2014年浙江省获得的油价补贴款约为70亿元,其中作为渔业大县的象山县为8亿~9亿元。本著作建议,政府可以对柴油补贴款的发放进行结构性调整,划出一定的比例,比如10%~20%归入海洋捕捞渔民转产转业专项资金,用于渔船的减少、渔民的转产、渔民的社会养老等领域。

本著作的这一思路,已经得到了财政部、农业部于2015年7月9日联合发布的《关于调整国内渔业捕捞和养殖业油价补贴政策促进渔业持续健康发展的通知》(以下简称《通知》)的支持(孙安然,2015)。《通知》称,经国务院同意,从2015年起,对国内渔业捕捞和养殖业油价补贴政策做出调整。根据《通知》,本次调整将按照总量不减、存量调整、保障重点、统筹兼顾的思路,将补贴政策调整为专项转移支付和一般性转移支付相结合的综合性支持政策。以2014年清算数为基数,将补贴资金的20%以专项转移支付形式统筹用于渔民减船转产和渔船更新改造等重点工作;80%通过一般性转移支付下达,由地方政府统筹专项用于渔业生产成本补贴、转产转业等方面。下一步,省市县要根据该《通知》落实渔业油价补贴政策的调整工作。

第二节　浙江渔场修复中渔民社会保障及其对策

浙江渔场修复行动能否持续下去,达到预期的社会、经济、生态效果,非常重要的指标是,能否妥善解决渔民的社会保障问题?这些社会保障制度能否持续?这些制度能否得到渔民的理解和支持?

一、浙江渔场修复行动对渔民的扶持政策现状及措施

浙江省对渔民的相关扶持政策有一定的现实基础,但是各地进展并不均衡,多为权宜之计。"一打三整治"专项行动启动以来,各地对渔民的扶持及补助都做了新的探索,建立了一定的工作基础。这些县市层面的政策措施各有特色,也反映出共同性和一般规律。

第一,出台切合实际的配套政策,统筹推进工作。浙江省委、省政府在2014年7月18日出台《关于修复振兴浙江渔场的若干意见》,较为系统地提出了"完善政策支撑"的思路及重点政策。要求"将更多捕捞渔民纳入社会养老保障体系","鼓励转产转业捕捞渔民参加相应的养老保险制度","鼓励转产转业渔民就近就地稳定就业和自主创业"。全省沿海县(市、区)普遍出台转产帮扶、养老保险、促进就业等相关配套政策,鼓励"三无"船主"以主动弃捕换养老、换补助、换再就业",这些措施堵疏结合,标本兼治。舟山市实行"三合一"办法,体现在"整、转、换"三方面。"整",就是在发放一定的生活补助、失业补助后,拆解一批破旧的、船龄长的、安全性低的、渔民主动上交的渔船;"转"即引导渔民转产远洋渔业、水产养殖、加工物流、护渔协管、渔家乐等,通过产业政策扶持,发展一批养殖船、休闲船、护渔船、保洁船、港作船等;"换"则是探索以养老换弃捕的办法,将弃捕的"三合一"渔船渔民纳入舟山市职工基本养老保险制度。其他一些县市出台"转产转业扶持及生活困难补助办法",不同程度安排专项补助资金。苍南县出台转产转业补助机制,对主动上交"三无"渔船的渔民,给予8万至18万元的补贴,促进渔民主动上交"三无"渔船和弃捕转产。由于省市县(区)三级政府立足于系统论作决策,使得专项行动得到各方面尤其是广大渔民的理解与支持。

第二,因地制宜,多渠道鼓励渔民转产转业。宁波市在2014年10月出台《关于推进"一打三整治"加快失渔渔民转产转业的指导意见》,明确由市财政拿出近一个亿对各地失渔渔民转产转业予以资金扶持,并要求各县

(市)区落实配套资金。象山县专门安排财政补助资金1亿元,用于"失海"渔民转产转业扶持补助和生活补助,鼓励引导渔民向陆上行业转移就业。宁海市区出台失渔渔民转产转业和生活困难补助的实施方案,落实配套资金,帮助失渔渔民转产就业。象山县出台《关于开展象山港休闲渔船试点工作的意见》,以国有公司为主体在象山港发展休闲渔业,促进渔业结构调整,比较有效地缓解失渔渔民转产转业的压力。象山县还配套出台了包括优先提供担保、开展转岗培训、经营农家客栈等七大优惠措施。在政府引导下,休闲旅游、水产养殖成为渔民的主动选择。宁海引导成立休闲渔业旅游企业——宁海湾旅游投资开发有限公司,建造26艘休闲渔船,通过收购已有的休闲渔船,统一承租给失渔渔民。引导渔民带船入股,新建合法船舶,开展海上休闲旅游业务。推动餐饮、运输"链式"发展,拓宽失海渔民就业渠道。奉化市支持成立海洋渔业发展有限公司,投入试运营38艘休闲渔船,该公司计划建造一批休闲游船,投放给失渔渔民用于发展海上休闲旅游,预计全部投放后可提供就业岗位400余个。苍南县给失船渔民每人每年2000元的补贴,连续补3年,并在全县范围内组织渔业相关企业向渔民提供近就业岗位。一些有特色的渔村、古镇开展形式多种的渔文化,探索有特色的休闲渔业路子。台州市椒江区大陈岛的情况更为典型,当地政府制定的渔民转产转业的举措比较全面,值得借鉴。他们的做法有四点。一是"补",区财政设立转产扶助资金,对在规定时间内主动上交"三无"船的,每艘船给予1.2万~37.2万元的补助。同时,给予每户每年1.5万元,连续三年的海岛生活困难补助。二是"保",保障大陈渔民再就业,将大陈岛的周边海域重新列入养殖规划,优先用于大陈渔民转产转业用海;外来投资养殖用海的,须吸纳一定数量的转产转业渔民就业。三是"增",增配渔业管理公益性岗位。如增配保护区管理员、渔政协管员等渔业管理公益性岗位,优先用于安置转产转业渔民。四是"引",引导大陈岛上渔民向旅游休闲渔业转产转业。政府承诺,在大陈岛核心景区建成后尽可能吸纳大陈转产转业渔民从事旅游业。同时鼓励转产渔民利用空闲房屋开设渔家客栈、旅游购物点和旅游休闲场所。区政府将酌情给予一定的补助和奖励。各地探索渔民转产转业的经验非常有价值,同时也接触到了坚硬的内核。

第三,探索渔民养老保险制度,为渔民解决后顾之忧。台州市渔民社会养老保险工作走在全省前列。椒江、玉环、温岭、临海等地大力推进渔民养老保险,参保人数达13200多人。椒江区将传统渔民的养老保险问题细分为城镇渔民、农村渔民、海岛渔民三类,分步解决。其中,区财政给予分档补助,目前参保人数已达 1000 多人。舟山市出台《关于原集体捕捞及相关作业渔民发放生活补贴的指导意见》,规定符合条件的渔民在享受城乡居民基本养老保险金的基础上,按原集体捕捞年限发放生活补贴,捕捞年限每满一年(不足一年的,按一年计算),发放生活补贴 10 元/月。渔民年满 60 周岁可领取生活补贴。舟山市现行的基本养老保险制度则覆盖全部的渔民群体,这是一个积极的措施。

二、浙江渔场修复行动中渔民转产转业的现实困难

自 2014 年"一打三整治"专项行动部署以来,经过不懈努力,行动取得了阶段性成效。但是大部分地区存在着渔民社会保障覆盖不全、标准不高,换岗就业途径狭窄,转产转业后续乏力等困难。本著作认为,专项行动要取得最终胜利,不反弹,不倒退,必须要解决好渔民转产转业问题。必须清醒认识到渔民转产转业任务依然繁重,需要克服诸多困难和问题。

第一,渔民的受教育水平低,年龄趋向老化,自行转产转业难度大。浙江渔民绝大多数文化程度在初中以下,工作以体力劳动为主,劳动技能单一。生活在海岛和海边的渔民,熟练掌握海上捕鱼、近海养殖,但掌握其他劳动技能比较困难。一旦上了岸,学习新的谋生技能难度大,转移行业存在的客观障碍明显。而且,渔民的年龄结构趋于老龄化,寻找新的就业门路更为不易。自主创业对失渔渔民来说存在着很大的风险,他们对市场供求变化并不了解,不熟悉经营管理手段,盲目投资很容易带来巨大的经济损失。不少渔民表示:等年纪再大些,干不动了,就只能等着领养老金了。五十来岁的渔民都在考虑退出,新一代不会子承父业。

第二,退出成本较大,缺乏转产转业资金。渔船是渔民的基本生产资料,由于捕捞渔船价值高,资产专用性强,渔船越大、越新,投资成本就越高。多数捕捞渔民把收入连同家庭积蓄投入到渔船更新改造和设备、网具添置上,拿不出资金用于转产转业。在不考虑补助政策影响的前提下,转产成本越大,转产难度也就越大。在现有政策框架下,渔船退出所获得的政府补贴并不多,有些补贴还不够偿还所欠的债务,这无形中增大了退出的阻力。

第三,转产转业保障制度不够完善。五六十岁的失海渔民处在"四无"境地:既无城镇职工的失业保障,也不能享受失地农民的优惠政策,更没有城镇下岗职工的待遇,实行转产转业又缺乏再就业技能和就业空间,生活保障面临难题,养老问题更加凸显。目前失渔渔民并未纳入就业安置体系,相关的法律政策并不健全。全省范围内的促进就业与再就业政策,针对的群

体主要是城镇居民和下岗职工,失渔渔民的社会保障不能跟失地农民的保障对接起来,制度缺失的负面影响较大。同时,政府对企业招收失海渔民的优惠政策尚未形成有效的利益导向,渔民有普遍的抵触情绪。

归纳起来,最大的挑战与困难就是如何保障渔民公平享有并实现社会发展权益。这个问题能否得到解决也是专项行动是否成功的重要评价指标。

三、浙江渔场修复行动中急需健全相应保障制度及措施

渔民转产转业是一项重要的民生工程。需要发挥政府的引导作用、渔民的主动作用,还需要社会各界的关心支持,才能形成合力,有效促进渔民转产转业。调研中发现,浙江渔场修复行动进展顺利的地方有一些基本经验,就是建立两个原则,一是"以人为本",二是"依法办事"。坚持"以人为本"原则,在于解决根本问题,即完善渔民的社会保障,多渠道、合理地推进渔民的转产转业。"依法办事"主要在执法方面,用到保障制度建设上也是正确的。这些制度主要应当在省级层面,建立保障制度的权威。

第一,建议在浙江省级层面出台渔民社会养老保障制度。浙江是海洋渔业大省,海洋捕捞业一直是浙江省沿海 4 市 23 个县近百万渔区群众特别是 6 个海岛(占全国的一半)纯渔区赖以生存的支柱产业。渔民转产转业及渔民的社会保障制度应当在全省范围统筹布局。建议加大财政和政策支持力度,将渔民养老保障纳入现有被征地农民社会养老保险、企业职工社会养老保险等制度中去,大幅提高养老保障水平。对男 60 周岁、女 55 周岁以上的失渔渔民建立统一的养老保险制度。按照"政府财政支持为主、集体补助为辅、个人适当承担"的基本原则,施行基金累积式的个人账户模式,明确规定失渔渔民应缴纳的缴费比例、缴费年限、缴费基数等细则,实现渔民养老保险"低门槛进入,高标准享受"。完善社会养老服务体系,真正让渔民老有所养。

第二,建立全省统一的渔民休渔补贴制度与转产转业基金。浙江休渔制度符合科学发展观要求,是一项利国利民的渔业管理措施,应当长期坚持。在省级层面制定政策,建立渔民休渔补贴制度,补贴对象是全体休渔渔民,以经济手段促进休渔制度的有效落实。同时加大转产转业政策扶持力度,支持渔民减船转产。建议在省级层面设立"渔民转产转业专项基金",资金来源为省财政专项拨款,专项用于渔民转产转业。各沿海市县也要安排相应的配套资金。创造有利转产条件,适当提高收购转产渔民船证的价格,让减船转产具有吸引力。通过发放转产渔民专项补贴,引导渔民转产。为加强对渔民转产转业的服务力度,政府应建立职责明确、管理规范、运作良

好的服务工作机构,明确目标,措施到位,责任到人。

第三,大力发展针对渔民再就业的教育、培训与服务。建议在渔区建立转产转业培训中心,开办各类技能培训班,提高渔民的技术水平和业务素质,拓宽渔民的就业渠道。教育培训要突出实效,广泛征求渔民意见,以市场为导向,变革以往未明确就职意向的劳动技能培训模式,以订单式培训及企业委培为主,政企合作、校企合作,发挥高等院校、职业技校的师资优势。政府积极提供相关就业信息,尽可能让渔民能在家门口再就业,消除因背井离乡而产生的排斥心理。同时,制定渔民转产转业信贷支持政策,拓宽渔区民间融资渠道,创新渔区民间融资方式。政府应对吸收失渔渔民就业的企业实行一定的优惠税收,从经济层面鼓励用工企业吸收失渔渔民。

第四,积极培育和鼓励发展渔业中介服务组织和经济合作组织。建立健全渔业中介服务组织,有助于维护渔民的合法权益,降低政府与民众之间的对话成本。如宁波市渔业互保协会这样的民间组织,坚持"互助共济"理念,在服务渔民和渔业方面发挥了积极的作用。社会中介组织的有效运作,可以提高政府工作效率。发挥各类渔业协会在渔民转产转业过程中的积极作用,有助于降低转产转业工作的难度。同时,通过在一定层面建立股份合作组织,可减少渔民之间相互竞争的强度,克服渔民分布分散的现实,加强其凝聚力。政府引导成立股份合作经济组织,扬长避短,营造市场信息共享、技术互补的良性氛围。通过专业组织创新,将分散渔民组织起来,形成集体的力量,提高生产规模和生产效率,增强市场的竞争力。股份合作组织是在渔民自愿的基础上建立的,不能用行政手段实施"拉郎配"。将分散的家庭联合起来,整合为规模性经营集群。实现渔业产业链的延伸与扩展。形成规模优势、竞争优势、技术优势、垄断优势、无形资产优势,以获取更大的经济效益。自身条件较好的渔民还可以采用股份合作制发展起来的远洋捕捞,实现转产成功。

总之,浙江省部署的渔场修复专项行动,是一项立足长远,功在后代,实现可持续发展的战略行动,内容包含渔民的社会保障问题,实施过程中应当坚持维护渔民的合法权益。坚持源头治理,妥善解决渔民的社会保障问题,就能保障浙江渔场修复行动的顺利实施。我们清醒地认识到,应当创新社会治理方式,从社会治理体系和治理能力现代化的高度认识浙江渔场修复的重要性,维护广大渔民的根本利益,最大限度增加和谐因素,增强社会发展活力,提高社会治理水平。推进渔民转产转业,要发挥政府的引导作用,渔民的参与作用,社会各界的支持作用,形成合力,提高社会自我治理的能力。

第七章 浙江渔场修复的基础保障能力建设研究

渔场修复的基础保障能力建设是一个复杂的系统工程,增强渔场修复基础保障能力建设,需要以科学发展观为指导,实现渔业生产的协调、可持续发展。渔场修复的基础保障是浙江渔场修复工作的重要组成部分。渔场修复保障能力是地方政府完成渔场修复工作而具备的基本能力,基础保障能力的高低,直接影响到渔场修复工作的顺利进行。渔场修复基础保障能力主要包括以下内容:渔业执法队伍建设、渔业信息化建设、渔业资源调查、法制保障、转产转业保障、财政支持保障、渔民培训保障和社会养老保障等。

第一节 浙江渔场修复基础保障能力建设的必要性

浙江是传统的海洋渔业大省,海洋捕捞一直是沿海 45 万渔民、近 100 万渔区群众赖以生存的支柱产业,在全国具有举足轻重的地位。特别是改革开放 30 多年来,浙江海洋捕捞呈快速发展态势,渔船更新加快推进,生产水平大幅提高,海洋捕捞年产量从 20 世纪 90 年代初的 10 万吨迅速上升并维持在 2000 年以来的 300 万吨左右,产能、产量居全国之首。庞大的捕捞规模导致海洋渔业资源的可持续利用的问题日益突出。尽管近年来采取了加强资源保护修复、鼓励渔民转产转业、积极发展海水养殖和远洋渔业等一系列措施,但浙江渔场渔业资源持续衰退的危机未得到有效化解。

一、"东海无鱼"的危机背后反映的现实难题

捕捞产能严重过剩。据科研部门估测,浙江渔场渔业资源年蕴藏量为400万吨左右,年最大待续可捕量约200万吨。但目前,浙江有各类海洋机动渔船3.45万艘(且近1/3为涉渔"三无"船舶),功率超过400万千瓦,近5年来年平均捕捞量为300多万吨,超出最大可捕量50%以上,大大超过资源承载力,海洋渔业资源长期处于过度捕捞状态。加上渔具渔法不科学、渔民生产不自律、部分地区执法不力等,导致渔民捕捞大小通吃。捕捞产能严重过剩已成为目前浙江渔场资源持续恶化最直接、最主要的原因。

海上污染影响有所加剧。陆源污染没有根本性好转,致使近海赤潮依然多发,再加上滩涂围垦、海底管线以及繁忙的海上交通等人类活动的影响,对重要经济鱼类的产卵场、索饵场和洄游通道造成重要影响。对比发现,近年来东海海域优势鱼种中的典型底层鱼类的比例下降,中上层鱼比例上升;大型鱼、高龄鱼少了,小型鱼和一年生的虾蟹类、头足类等显著增加。

海上执法力度相对单薄。目前浙江具有海上执法能力的渔政船数量偏少,每条渔政船平均要管理在籍渔船2000余艘,管辖海域面积18万平方千米,查获海上违法行为的可能性一直处于低位。加上近年来省外渔船越界捕捞等违法违规行为层出不穷,有限的执法力量难以有效应对浙江严峻的渔区形势。"东海无鱼"隐含着一定社会隐患,必须下大决心、花大力气,尽快扭转这一被动局面。

二、深刻理解渔场修复振兴的重要性

美丽浙江、美好生活是自然美、生态美、环境美、发展美、人文美、和谐美的有机统一,而修复振兴渔场正是顺应这一基本要求。推进"两美"目标实现的重要抓手,至少有三个方面。

第一,构筑蓝色生态屏障。鱼以海为家,海因鱼而活,生物多样性是增强海洋纳污自净能力的基础。治理"东海无鱼"就是要让生态系统休养生息,让海洋环境明显改善,让碧浪银滩、鸢飞鱼跃的海洋成为美丽浙江一道坚实的蓝色生态屏障。

第二,加决海洋强省建设。当前,浙江正在加快实施海洋经济发展示范区和舟山群岛新区两大国家战略,作为海洋经济的重要组成部分,传统海洋渔业也处于转型提升的关键时刻。实施渔场修复振兴行动,以生态统领理念倒逼海洋渔业结构调整,摒弃过度捕捞等落后发展模式,建设生态良好、生产发展、装备先进、产品优质、渔民增收、平安和谐的现代海洋渔业,是确

保渔业可持续发展的必由之路,也是打造"浙江经济升级版"的重要内容。

第三,夯实浙江海上粮仓。浙江是个陆域小省、海洋大省,农田面积少、粮食自给率低,但有大片的海域,有丰富的海产品作为补充,世代相传形成了浙江人的饮食结构,也造就了聪慧的血脉基因。"宁可一周无肉,不可一日无鱼"。如若有朝一日这片蓝色土地荒芜贫瘠,鱼儿难活,那将是浙江之患、浙江之难。因此,加快渔场修复振兴,不仅是保障粮食安全的战略之举,也是改善生活品质的务实之策。总之,要把浙江渔场修复振兴放在全省经济社会发展的大局上来考量,放在加决推进社会主义生态文明的背景下来谋划,凝心聚力,克难攻坚,担负起拯救浙江渔场的历史重任。

第二节　浙江渔场修复基础保障能力建设的指导思想与建设目标

实施渔场修复振兴是一项长期性、系统性工程,必须以推进海洋强省和海洋生态文明建设为统领,以兼顾资源保护与民生改善为目标,以"打非减船"、修复资源、强化管理为重点,统筹施策、堵疏结合、标本兼治,改革创新、配合协作、联动推进。

浙江渔场修复基础保障能力建设要深入贯彻建设美丽浙江、创造美好生活重大战略思想,以浙江省委、省政府关于渔场修复的系列文件为依据,着眼于保障渔业可持续发展、渔民可持续增收,始终坚持科学理念引领,切实解决好"保障什么、如何保障、保障到什么程度"的问题,为保护海洋生态环境、促进海洋渔业可持续发展提供坚强有力的保障。

浙江渔场修复基础保障能力的建设原则主要包括以下四个方面:

一是坚持任务牵引。始终把保民生作为推动渔场修复能力建设的出发点和落脚点,紧贴失海渔民的实际困难保障需求筹划指导。

二是坚持以人为本。牢固树立全心全意为渔民服务的思想,充分发挥渔民在基础保障能力建设中的主体作用,精心搞好各种基础保障,努力提高保障质量。

三是坚持全面建设。加强对渔场修复工作的统筹规划,整体推进保障理念、保障体制、保障方式、保障手段的建设与发展。

四是坚持协调发展。正确处理当前与长远、局部与全局、重点与一般、需要与可能等关系,做好统筹兼顾、综合平衡、整体规划、分步实施、有序推进。

第三节　浙江渔场修复基础保障能力存在的问题

虽然浙江渔场修复的基础保障能力较好,但是根据调研,依然存在着某些问题,具体如下。

一、财政保障存在的问题

第一,财政补贴覆盖面不广,政策落实与预期有差距。例如柴油补贴《补助办法》第4条指出:本办法所称的补助对象,即渔业生产者,包括依法从事国内海洋捕捞、远洋渔业、内陆捕捞及水产养殖并使用机动渔船的渔民和渔业企业。该政策要求只有渔用柴油购买(消费)者才能享受补贴,大大缩小了政策辐射的范围,使得大量基层渔民无法享受到优惠政策。另一方面是由于政府宣传力度不够,广大渔民对补贴政策了解不多。基层渔民大多不会主动去了解政策变动趋势,大多数渔民都是从亲戚朋友中听说补贴政策,但对具体的补助办法并没有足够的了解。

第二,补贴结构不合理,弱势群体利益没有得到充分保障。补贴政策不尽合理使得大量弱势渔民的利益没有得到有效保障,反而是一些渔业中的"富人"拿到了大部分的补贴。如,油补政策主要补贴的是承担油钱不断上涨压力的船老大,使得这些"富人"享受到大部分国家补贴,这与该政策"惠及最广大渔民的切身利益"的初衷有所偏差。补贴政策的出发点是好的,也的确维护了一些从事渔业工作的群体,但是仍没有实现利益的最优分配,补贴结构不合理的问题不容忽视。

第三,部分补贴政策与环保要求相悖。补贴政策有助于推动海洋渔业的发展,不过这同时也造成了一定程度上的环境问题。例如舟山目前在海洋捕捞上实行了以渔船主机功率为基础,不同作业相对油耗作为标准的系数的设定依据,表面看上去公平合理,其实存在"功率大、用油多、多补贴"的政策弊病。导致对破坏渔业资源与生态环境的作业渔船多补,而资源杀伤力较小的作业渔船反而少补,渔业补贴政策作为一项公共财政政策,目的之一是促进海洋经济的可持续发展,要求建立海洋环境友好型社会,可见部分补贴政策与此初衷相悖。

第四,补贴管理不完善,存在骗取补贴金现象。作为公共财政政策,政府推出渔业贴补目的在于一定程度上提高渔民收入,增加当地消费需求,推动海洋经济发展。的确,对一些渔民来说,补贴金已经成为一项不小的收入,比如一艘 200 马力的小型船舶一年就可得到 20 万元的柴油补贴,而像一些马力更大的船舶一般可获得 50 万～60 万元的补贴。然而恰是这不薄的利益诱惑导致违规套取国家补贴现象时有发生,如,一年不出海的渔船蒙混支取补贴,空证、无船的渔民套取补贴等等。浙江渔业补贴政策实施的时间不长,相应的补贴管理能力尚未达到政策的要求,这也是浙江所面临的一个严峻的问题。

二、转产转业保障力度不大

为解决海洋渔业面临的问题,浙江省设立了海洋捕捞渔民转产转业专项资金,专门用于渔船、渔民转产转业补助,并根据《财政专项资金管理规则》和《海洋捕捞渔民转产转业专项资金使用管理规定》精神,制定了《浙江省省级海洋捕捞渔民转产转业专项资金使用管理规定》。通过一系列政策的落实和资金的有力保障,沿海渔民转产转业工作取得了较好的效果。但是,政策在落实的具体过程中也存在一些问题,单从各项扶持政策来看,政府制定的转产项目补助标准偏低,其中规定渔民转产项目每个项目投资总额需在 50 万元以上,其中财政补助金额控制在 20 万元以内,且每个转产项目必须吸纳经县级以上渔业主管部门确认的报废转产或弃捕转产渔民 30 名以上,并依法签订 3 年以上(含 3 年)劳动用工合同。这将导致部分渔民收入甚微,并且使其原始积累几乎为零。转产转业的扶持力度不够,渔民的理性选择将会使他们继续从事原来的职业,增加了转产转业的难度。

在调研的过程中发现,政府对"失海"渔民转产转业的支持政策非常有限,存在着明显的政策支持不足、政策缺失及落实不到位的现象。在"失海"渔民中,多数渔民享受到了渔船报废补助政策,即领到了政府给予的每条报废渔船 3 万～5 万元的补助金,这部分补助金可以暂时缓解渔民"失海"后的生活困顿,减轻渔民在创业时的经济压力。但对于世代以捕鱼为生的渔民来讲,相当于用 3 万或 5 万元买断了其全部经济来源,甚至是整个家庭的经济来源,这种补助政策实际上只承认并补偿了渔民对渔船的产权,而对渔民的渔业权却没有丝毫的重视和补偿,补偿偏低已引起了部分地区渔民的不满并有可能进一步激发社会矛盾。渔民"失海"后可能享受的另一项优惠政策是渔业税费减免政策,这项政策主要针对远洋捕捞船只,即对于从事远洋捕捞的渔民可以按照船只的马力给予一定的燃油补贴。除了上述政策外,在本著作所调研的范围内,没有"失海"渔民享受到政府制定的其他的针对转产转业所实施的包括培训、金融等方面的优惠政策。

三、失海渔民现有的各类社会保障面窄且保障水平低

虽然近几年在国家公共政策的引导下,失海渔民的社会保障工作不断推广,但总体上社会保障建设处于非规范化、非系统化阶段,距离为失海渔民提供有力的基本生活保障、建设和谐社会的要求相差很远,其中的主要问题体现在以下几个方面。

第一,法律制度不健全。我国目前尚未制定一部对农村社会保障制度具有普遍意义的法律,只能散见一些由国务院、民政部、卫生部等部委颁布的法规,针对渔区社会保障制度建设的法律法规数量更少,极大制约了渔民社保工作的开展。

第二,失海渔民的社会保障意识有待提高。自从集体保障衰落后,长期以来渔民主要依靠子女和自身积蓄养老,对于目前尚不完善的社保制度往往持观望态度,不能完全接受。

第三,保障标准低、覆盖面窄。养老保险中,失海渔民投保档次低,退休后领取的养老补助不能满足基本生活需要。

第四,纳入社保的渔民数量有限。资金来源不尽合理,国家"工业反哺"的社会责任体现不足。目前浙江失海渔民社会保障资金来源以渔民个人缴纳为主,集体次之,国家为补充。国家体现的社会责任过小,造成资金来源不足,保障标准过低。

四、社会工作介入失海渔民社会保障的力度不够

现今,当众多渔民失去收入来源的时候,他们身上的社会保障问题就会变得更为严峻,由此可能引发的渔民个人问题、渔村集体问题也将增多。而随着我国社会工作专业化程度的不断增强,相应的一系列工作方法亦在不断完善,社会工作干预已成为解决弱势群体问题的重要途径和策略。几百年的发展经历已经生动表明,社会工作在解决社会问题、修复社会关系、推动社会公正方面具有无与伦比的专业优势。而将社会工作这一独特的方法运用到解决失海渔民社会保障问题中,可以发挥社会工作专业的特殊视角优势。

五、失海渔民就业培训力度有待加大

由于失海渔民文化程度普遍较低,劳动技能单一,接受新事物、获取新知识和掌握新技能的能力相对较差,脱离渔业参与跨行业竞争的能力较弱,同时沿海地区外来劳动力的流入也挤占了部分"失海渔民的就业岗位,失海

渔民再就业困难,收入的维持与增长面临着严峻的挑战"。为了降低失海造成的人力资本贬值的影响,政府应在就业方面对其进行有力扶持,并充分考虑不同文化层次与年龄阶段的特点而开展就业培训。但从所了解的情况看,无论从政策文件还是针对失海渔民的培训,都不能很好适应失海渔民的需求,工作力度有待加强。

第四节　加强浙江渔场基础保障能力建设的对策

要加强浙江渔场基础保障能力建设,就必须深化改革,加大整合力度,进一步充实基层渔政执法、渔船检验、渔港监督等力量,推动执法机构建设与承担任务相协调。探索构建专群结合的监管模式,健全部门协同、陆海联动、省际互动的海上联合执法机制等。具体来说,本著作提出了如下对策:

一、加快推进渔民养老保障机制建设

建立"失海"渔民社会保障机制,其关键在于保障基金的来源。"失海"渔民社会保障基金可通过多渠道筹集解决,一是占用海域的主体对"失海"渔民补偿的追加;二是养殖用海征收的海域使用金;三是地方政府用于社会统筹的部分财政性支出;四是国家财政转移支付和省市对渔民基本生活、医疗和养老等社会保障的补助资金;五是上缴国家的海域使用金返还部分。根据本地区经济社会的发展,结合沿海渔村的实际,实行统筹规划,逐项研究,各有侧重,循序渐进,分步实施,并根据自身的财力不断改进、提高、规范和完善,经过一段时期的努力,逐步将"失海"渔民全面纳入到社会保障体系中来,切实解决好民生问题,确保沿海区域的稳定与和谐发展。

针对各地失海渔民社会保障政策模式不一,呈现碎片化的现状,从省级层面推动出台"有差别但统一"的失海渔民社会保障体系,实现由"碎片化"到"大一统"的整合;不同行政区划根据年龄、经济水平、收入水平等具体实际,按照保基本、广覆盖、有弹性、可持续的要求,构建适合当地失海渔民的社会保障制度;通过省渔业互保协会每年盈余资金、省级财政转移支付、探索渔业油补资金机动调配等渠道,多方筹措资金;考虑到失海渔民现金缴纳的困难,可仿效宁海等地灵活的缴费机制,允许资金周转有困难的失海渔民先参保再补足资金。

具体来讲,对渔民身份及参保情况开展摸底调查,建立浙江籍渔民数据

库;整合省、市、县社保政策资源,抓紧出台《推进海洋捕捞渔民养老保障配套政策意见》,加快建立各县(市、区)渔民养老保险参保缴费制度,对不同渔民群体分类实施养老保障参保缴费补贴,实质性推进传统渔民养老和社会保障工作。

建议在省级层面出台渔民社会养老保障制度。浙江是海洋渔业大省,海洋捕捞业一直是沿海 4 市 23 个县近百万渔区群众特别是 6 个海岛(占全国一半)纯渔区赖以生存的支柱产业。渔民转产转业及渔民的社会保障制度应当在全省范围统筹布局。建议加大财政和政策支持力度,将渔民养老保障纳入现有被征地农民社会养老保险、企业职工社会养老保险等制度中去,大幅提高养老保障水平。对男 60 周岁、女 55 周岁以上的失渔渔民建立统一的养老保险制度。按照"政府财政支持为主、集体补助为辅、个人适当承担"的基本原则,推行基金累积式的个人账户模式,明确规定失渔渔民应缴纳的缴费比例、缴费年限、缴费基数等规范,实现渔民养老保险"低门槛进入,高标准享受",以此完善社会养老服务体系,真正让渔民老有所养。

二、创新社会工作介入渔场修复保障的工作机制

一是微观层面。多数渔民在突然面对失去稳定性收入来源的现实时,会显得措手不及,无法适应一时的生活。有的变得消极、情绪低落而选择"吃老本";有的则是抱着试一试的态度去找其他的工作;有的则可能采取过激行为向政府申述。很明显,这些状况的存在既不利于和谐海洋的构建,也会阻碍和谐社会的构建。具体看,社会工作者可以运用个案工作的方法对某些特殊的个人进行"一对一"的心理疏导,仔细倾听并劝导他们,并向他们传达现有的社会保障政策,增进他们对社会保障政策的认识并加以运用。也可以运用小组工作的方法组织"成长小组"分别将几个处于类似困境的渔民聚集起来,通过小组活动等方法排解他们心中的抑郁和苦楚,从而引导他们积极地面对当前的困境并逐步走出阴影。也可以运用社区工作的方法来发挥渔村的凝聚力,形成"一帮一"的个人或者家庭互助活动,带动失海渔民走出生活心理阴影和生活困境。而对于那些采取过激行为、失范行为的人群应给予更多的关注,引导他们通过合法的利益表达渠道来表达对社会保障的不满,以避免出现剧烈的社会冲突进而引起社会动荡和社会失序。在运用社会工作方法的时候,社会工作者既要帮助失海渔民走出阴影,重拾信心,而且还要帮助渔民增加对现有社会保障政策的认识,同时了解他们的社会保障需求,并加以最大化的利用,最终减少他们的无助之情。

二是中观层面：知识提升和就业指导。对于失海渔民的社会保障状况，国家政府不仅仅要为其提供相应的社会保障资金，以从物质上给予帮助，同时还应提供实际技能指导，解决他们长期的生活保障问题。在此，社工可以针对失海渔民的实际情况协助政府部门、公益机构开展对失海渔民的技能培训，帮助他们实现再就业。并且通过教育和技术培训帮助失海渔民顺利实现转产转业。具体来说，社工可以根据"失海"渔民的年龄和文化层次，有计划有目的地组织他们进行文化和相应的劳动技能培训，提高他们的素质，以满足他们转业和再就业的需要。

在提供工作技能帮助方面，社工可运用实务操作中的相关方法和技巧，如在小组工作中，社工通过开展失海渔民"成长小组"，留意并发掘他们某方面的特长和技能，在随后的生活中可以引导他们将潜在的能力发挥出来，增强他们的求职资本，拓展他们的求职路径。同时，也可以将外来的援助转化为自我发展的动力。这样，当失海渔民认识到自身还具有其他优势时，在一定程度上可以获得一些自信而重拾激情来面对未来的生活和工作。也可以通过组建"学习小组"来增进失海渔民学习文化知识的积极性，获取其他的知识技巧，如手工艺品制作小组、劳动与法律保障学习小组等，提高他们的技术、管理以及决策能力。同时，社区工作的方法也可以发挥较大的作用，因为渔村社区中存在着一种特殊的"乡缘"情结，乡邻之间存在着互帮互助的特殊的维系关系的方式。以一个渔村为一个社区形成各种组织团体，发挥集体资源优势，将各个渔民所了解和掌握的信息集中起来进行交流和互换，可以为失海渔民提供充足的就业信息和就业渠道。

组织培训工作时，一方面，社工可以运用自身所掌握的专业知识为失海渔民提供一定的就业技能和知识，例如教授他们运用互联网等来获取致富信息和渠道；另一方面，社工还可以协调学校、社会机构向他们传授市场上迫切需要的工作技能，利用自身的资源为失海渔民提供相应的就业咨询、就业线索和就业渠道。

三是宏观层面：利益代表和政策帮扶。对于失海渔民来说，政策上的改变和落实是最重要的两个环节。只有从社会保障制度的制定源头入手，制定出针对性的社会保障政策，他们的生活、工作才会得到最好的保障。而这一过程，仅凭他们的力量是难以实现的。在社会工作者的介入下，通过专业人才引导失海渔民运用合法而专业的手段，才有可能达到预期结果。社会工作者作为一群具备专业素质和专业技能的人群，其知识水平都是比较高的。他们可以利用专业知识，进入渔村、走进渔家、接近渔民，以了解他们生活中的具体困境以及他们对政府在社会保障方面的具体要求,并将访谈调查中获得的具体信息,以报告的形式反馈给当地政府和社保部门。这种途径,不仅可以及时地将失海渔民的社会保障困境反映给政府各部门,而且还可以为政府制定出更为恰当的完善的社会保障政策提供一定的理论参考。具体来说,社工可以运用社会工作行政的专业知识,通过具体调研得知失海渔民的不同情况,以向政府提供更为合理的政策制定方案。

应当承认,中国在制定一些重要的同民众利益直接相关的社会政策时,如下岗失业政策、医疗政策、征地补偿政策、房屋拆迁政策,很少甚至没有让社会成员参与表达意愿。而社会工作主要关心的是如何让大众通过社会政策受惠,这种专业取向使其在社会服务体系中常常自觉成为广大弱势群体利益的维护者。

三、坚持"多条腿走路"解决渔民转产转业、就业培训难题

解决渔民转产转业、就业培训的难题,也要从宏观、中观和微观三种支持路径着手,并且着力于发展新型业态,引导渔民从事远洋渔业等工作,为渔民提供多样的转产转业和就业培训机会。

(一)宏观支持路径

指以政府宏观经济部门为行为主体的政策支持。宏观支持路径主要包括:

第一,财政支持。通过建立财政转移支付制度、财政转产转业专项基金以及提高对报废渔船的财政补贴额度、税费优惠等措施,落实对渔民的"多予、少取、搞活"政策。

第二,货币政策。包括对自主创业者和吸纳渔民入企的小微企业提供政府担保的信贷支持、与金融机构联合开发专项金融融资产品,拓宽对上述渔民和企业的融资途径并加大金融支持优惠力度等。

第三,建立健全利益保障支持机制。针对"失海"渔民的利益保障支持机制主要包括就业保障机制和权益补偿机制。就业保障机制主要保障其就业权,建立对"失海"渔民的分类就业支持和救济机制,使渔民"失海"后即能进入就业支持中心,享受相关的支持政策;"利益补偿是对利益受损者直接有效的利益救济","本着'谁占有,谁负责'的原则并适当提高标准予以补偿","使'失海'渔民不会因为海洋开发和重大项目建设用海而失去本应属于自己生存、受益的既得利益,达到'以海兴海,用海惠民'的利益共享目标"。

（二）中观支持路径

指以各级渔业主管部门为行动主体的支持措施的总和。总的指导原则是规范渔业行业内秩序，将行业内的富余人员挤出行业外；保障行业内人员的就业空间，同时为富余人员开拓转产转业空间、提供更多的就业机会和必要的支持政策。

具体说，规范渔业行业内秩序的支持措施包括：①执法支持。完善渔业执法，规范渔业行业管理；建立海事纠纷处理的常设机构，保证在业人员、渔村和渔区具有良好的工作秩序。②行业准入支持。建立全国统一的渔业行业准入制度，规定行业准入门槛，保障在业人员的就业空间。

为富余人员开拓转产转业空间、提供更多的就业机会和必要的支持措施应主要包括：①统计支持。建立人力资源库，做好"失海"渔民的统计和监测工作。②就业空间支持。通过渔业技术的研发与应用发掘新兴产业，拓宽就业空间。③信息支持。为"失海"渔民搭建渔业、涉海行业和其他行业人力资源供需的信息共享平台。④资金支持。对于自主创业的"失海"渔民和吸纳其就业的企业提供更多的融资渠道、贷款担保、专项资金等。⑤劳务输出支持。各级渔业主管部门应积极开拓海外劳务市场，特别是海外涉海劳务市场，积极与劳务输出的中介机构开展合作，向"失海"渔民提供海外就业信息、政策咨询，并协助其输出劳务。

（三）微观支持路径

指各级政府部门通过发挥市场功能支持"失海"渔民转产转业的政策及措施的总和。各级政府部门通过提供各种优惠政策和扶持项目支持各级劳动力市场中介组织、培训机构、金融机构、学校和科研部门对"失海"渔民转产转业提供各种支持。包括鼓励劳动力市场中介组织为"失海"渔民转产转业提供信息支持、指导支持（进行转产转业意愿摸底、能力评估及职业定位）；鼓励培训机构和学校对"失海"渔民提供有针对性的转产转业培训，提升"失海"渔民的转产转业技能；引导有实力的"失海"渔民成立生产合作社；鼓励涉海企业吸纳"失海"渔民就业以及"失海"渔民的自主创业等。

（四）发展精深加工、冷链保鲜、电子商务、文化创意、养生保健、观光旅游等延伸型、附加型、混合型等新型业态

加强水产品精深加工、冷链建设。加大技术创新，积极发展差异化精深加工品和海洋生物医药和制品等精深加工；支持开发大宗水产加工品，支持低值水产品、加工副产物的高值化开发利用；鼓励以兼并重组的方式提高技

术装备水平业的发展。加快与市场配套的冷链物流业的发展。加大对渔船卫生设施改造及冷藏物流设备改善的支持力度,发展海上冷藏运输加工船,努力提高海上第一线渔获物冷冻保鲜水平。

积极推进电子商务建设。支持水产品企业通过电商平台拓展市场,推进重点水产品养殖、捕捞、加工、销售等龙头企业与电商服务企业的对接;努力推进水产品物流信息标准建设,逐步建立水产品电子商务溯源体系。

鼓励发展文化创意、养生保健、休闲旅游。着力培育渔业新兴产业,拓展渔业生态、生活、生产功能,引导支持业主从原有经营模式向养生保健、休闲旅游、参与体验等现代服务经营模式转变。鼓励支持企业和地方政府举办渔业相关节庆活动、设立渔业博物馆、展示中心、举办渔业书画、摄影展等。

(五)引导渔民从事远洋渔业捕捞、资源回运和以生态养殖、海洋牧场、休闲海钓以及资源友好型捕捞为主的沿岸渔业

结合现有远洋渔业扶持政策,支持引导深水有囊灯光围网、帆张网、拖网等国内捕捞渔船依规有序转产从事远洋渔业,并对渔船更新改造给予适当补助;鼓励远洋渔业企业抱团合作,在境外建立远洋基地,完善捕捞、加工、销售产业链,提升浙江远洋渔业在国际市场上的份额。

加快生态渔业建设,构建生态高效、资源友好、布局合理的沿岸渔业。积极发展生态养殖,支持建设一批产业链完整、特色明显、效益显著的生态养殖产业区。规范发展沿岸海洋捕捞业,创新建立规范有序的捕捞管理制度,合理分配公共渔业资源,引导发展友好型作业方式。支持捕捞渔民转产转业,扶持发展海洋钓业。

四、进一步提升财政保障能力

在为渔民解决转产转业、就业培训难题的同时,也应进一步提升财政保障能力,完善失海渔民财政补助的政策,加大渔场修复的财政投入力度,以改善渔民生活水平,为实现浙江渔场修复的目标提供保障。

(一)完善失海渔民财政补助的政策

第一,扩大补助范围,加大宣传力度。当前中国的渔业补贴政策在一定程度上保障了渔民的利益,然而这种保障并没有普遍惠及渔民,因此扩大渔业补助的范围是当务之急。一方面,渔业补贴的对象不应只包括股东渔民,而是要兼顾雇工渔民的利益,让更多的补助金流向这些弱势的雇工群体。另一方面,为了切实使得更多符合要求的渔民拿到补助金,政府应该加大宣

传力度,派出专门人员向渔民深入介绍补贴制度,并建立灵活有效的反馈机制,及时将渔民对补贴政策的建议反映给相关部门,以降低信息不对称,提高政策的有效性。只有扩大补助范围,才能提高渔民的整体消费水平,改善渔民生活并促进海洋经济的发展。

第二,完善补助结构,实现利益的最优分配。在渔业发展过程中,海洋捕捞股份合作制的资金股逐步被少数人掌握,原来的全体船员股份合作制已变成少数船员股份合作制,这样的制度拉大了船员之间的差距。而如今的补助结构恰恰与这样的制度挂钩,补助金大部分流向了少数船员股份合作制中的富有成员,忽略了大量没有股份的弱势成员。因此要形成合理的补助结构,政府应该转变挂钩模式,或者为弱势渔民提供更多更全面的补助,使得资源合理流向需要人群,缩小渔民之间的差距,以符合公共财政政策的要求,推动当地海洋经济的协调、健康发展。

（二）加大渔场修复财政投入力度

加强各级财政预算,加大对基础设施(执法专用码头和扣船所)筹建、执法装备(船艇、无人机、现场取证设备)配备、伏休巡航、渔民转产就业及养老帮扶、资源环境监测、基础信息调查研究及一线执法人员待遇等财政经费的投入,确保"一打三整治"各项工作的正常开展,为实现"浙江渔场修复振兴"最终目标提供坚实保障。

第一,省财政积极筹措资金,加大投入力度,重点支持渔港基础设施建设、开展增殖放流和海洋牧场建设、加强海洋与渔业行政执法、支持渔业渔民转产转业、支持渔业生态化改造、加强海洋环境与经济运行监测、海洋资源保护与利用、开展海洋与渔业基础调查、规划编制等。省级专项资金分配,原则上按照因素法切块下达资金,不指定具体项目,市县可按照省下达的资金额度,结合当地浙江渔场修复振兴工作任务和实际,在省定的框架和使用方向范围内自主立项和分配使用省级财政资金。

第二,配合人力社保厅做好渔民养老保险和提高海上一线执法人员待遇等相关工作,并做好资金保障工作。

第三,人身意外商业保险问题,根据省财政厅、省监察厅《关于规范党政机关及事业单位用公款为个人购买商业保险若干规定》的通知(浙财外金字〔2015〕29号)精神,海上一线执法人员需用公款购买商业保险,应由其行业主管部门报经省监察厅、省财政厅审批同意后才能实施,且海上一线执法人员必须是在编的正式工作人员。

第四,指导督促各地财政部门,按照省委省政府浙江渔场修复振兴暨"一打三整治"工作任务要求,配合做好各项工作,整合相关资金,积极加大财政投入。

第五,省财政与市、县(市、区)财政加大支持力度,多渠道筹措资金,对失业期渔民进行生活困难救助,并帮助做好再就业工作。

第六,建立全省统一的渔民休渔补贴制度与转产转业基金。浙江省休渔制度符合科学发展观要求,是一项利国利民的渔业管理措施,应当长期坚持。在省级层面制定政策,建立渔民休渔补贴制度(补贴对象是全体休渔渔民),以经济手段促进休渔制度的有效落实。同时加大转产转业政策扶持力度,支持渔民减船转产。建议在省级层面设立"渔民转产转业专项基金",其资金来源为省财政专项拨款,专用于渔民转产转业。各沿海市县也要安排相应的配套资金,创造转产有利条件。如适当提高收购转产渔民船证的价格,让减船转产具有吸引力;通过发放转产渔民专项补贴,引导渔民转产。为加强对渔民转产转业的服务力度,政府应建立职责明确、管理规范、运作良好的服务工作机构,明确目标,措施到位,责任到人。

五、强化执法保障

按照"各司其职、相互协作"的原则,进一步落实经信、商务、工商、渔业、公安(边防)、海警、海事等部门的职责,完善信息交换、联勤执法、应急处置、协助追查、案件移送和责任追究等工作机制,加强海陆联动执法,切实提高监管效率。

第一,陆海有关部门共同配合,规范渔运船生产经营和买卖流转管理,严厉查处渔运船非法转让和非法生产行为。在全省范围内开展渔运船排查与清理,按照属地负责、分类清理的要求,通过对非法经营渔运船的排查、分类、清理、整改,规范管理、理顺关系、明确责任,实现渔运船管理船舶状况清、管理动态清、监管责任清。

第二,加强执法专用码头、扣船所等基础设施及无人机、执法船艇等大型装备的建设力度,提高各涉海执法部门海上执法能力。制订"十三五"期间《海洋与渔业执法能力提升建设实施方案》,拟提出"百船千人常态化巡航"工程、执法配套设施建设工程、指挥一体化建设工程、监控体系建设工程、"渔政铁军"建设工程、"群防群治"工程等六大工程。2016年省级财政专项转移支付海洋与渔业行政执法7980万元。

第三,统一提高海上一线执法人员(船员)出海期间的补助津贴标准。

按照"海上执法高于陆地出差补贴标准"的原则,省财政厅、省人力社保厅、省海洋与渔业局、浙江海事局共同研究,有关部门联合发文,统一提高海上一线执法人员(船员)出海期间的补助津贴标准;同时,参照公安部门做法,购买海上执法人员人身意外保险,解决执法人员的后顾之忧。

第四,开展基础调查研究工作,摸清家底。开展浙江沿岸海洋渔业资源本底调查和长江口及沪、闽海域对浙江省近岸海域环境质量影响研究等基础调查研究工作,摸清家底,做好数据分析,为资源环境监测顶层设计夯实基础。通过渔业资源本底调查、渔业资源动态监测、水生生物增殖放流效果评价等工作,建成渔业资源管理与监测体系,实施规范化动态监测机制。

第五,为一线执法人员配备现场执法取证信息化装备,利用现代科技、信息技术改进执法手段、协助取证,提高各涉海执法部门工作效率。具体可从如下四个方面展开工作:

其一,装配现代化执法设备。为全省近 1000 名持证执法人员配备集电子取证、定位、通信和移动执法等功能与一体的单兵执法系统,补充和改进执法手段,提高执法能力和效率。

其二,推进指挥系统建设。围绕海洋与渔业核心业务,加快推进全省海域、海洋环境、渔船、渔港、船员等业务数据的综合集成,开发建设一体化指挥平台,实现指挥调度信息化、智能化。加强执法船艇海陆通信能力建设,将省总队中国海监 7008 打造成海上指挥中心,完成了该船与陆域网络互连互通的测试工作。

其三,完善监控体系建设。利用视频监控、雷达监测、北斗定位和无人机侦查等现代化技术,在全省重点港口、海域,加密布置监控点和监控设施。目前进一步细化全省雷达监控系统建设方案,特别是岸基雷达的选址,以期监控信号能够较好地覆盖浙江沿海。

其四,推进海陆通信网络建设。通过在浙江省相关海岛探索建设通信基站、渔船北斗终端更新升级、船台数字化改造,渔船配备具有卫星电话功能的安全救助终端设备、300 吨及以上执法船配备 VSAT 卫星终端等一系列建设,逐步形成多样化、多层次的海洋网络服务体系,满足海上渔民和公务船艇的通信、网络需要。

第六,推进常态化渔业资源监测、评价及预警预报,力争准确反映浙江省海洋环境及渔业资源状况。具体包括以下三点:

其一,继续推动全省渔业资源本底调查。温州、湖州、杭州等地制定渔业资源调查方案,开展公开招投标,并落实调查单位和人员,全面开展本底调查工作。

其二,积极开展全省渔业资源动态监测。在全省近海建设主要经济渔业资源监测网络,同时开展海上调查监测,掌握主要渔业资源年度动态;内陆方面,在主要水系设置若干个渔业资源监测站点,开展春夏秋冬四季调查,掌握渔业资源变动情况。

其三,建设全省渔业资源管理信息平台,以平台建设为核心,将本底调查结果和渔业资源动态监测信息充实到平台,力争实现全省渔业资源信息化、可视化、监管动态化。

第七,陆海有关部门协调配合,加强海陆排放标准的指标对接,统一监测标准;联合执法,严厉打击违法排污行为,共同整治海洋环境污染。

其一,陆海有关部门协调配合,加强海陆排放标准的指标对接,统一监测标准。针对目前各部门之间存在对相同污染源执行标准不一致的情况,下一步省环保厅将会同有关部门尽快梳理并统一执行环保部或省人民政府发布的水污染物排放标准及有关环境污染整治工作的具体要求。

其二,联合执法,严厉打击违法排污行为,共同整治海洋环境污染。省环保厅一贯重视对陆上污染源的执法监管,去年以来先后开展了污水处理厂专项执法检查、水环境污染专项执法检查、整治违法排污企业保障群众健康环保专项行动、"亮剑"系列专项执法检查等多次涉水专项执法检查,下一步与省海洋与渔业局等单位互通互享执法数据信息,联合开展陆源(入海排污口)污染物专项整治,依法严厉打击违法排污行为,取缔一批非法排污口,整顿一批不规范排污口,切实改善浙江省近岸海域环境质量。

第八章 浙江渔场修复的海洋环境治理问题研究

　　2015 年是全面推进依法治国的开局之年和全面深化改革的关键之年，也是全面完成"十二五"海洋与渔业规划的收官之年。浙江省省委、省政府做出了"五水共治"、"一打三整治"等重要战略部署，并在全省范围内启动实施了"浙江渔场修复振兴计划"，希望在服务海洋经济发展、提高海洋综合管控能力、推进渔业现代化、促进渔民持续增收和保障水产品安全有效供给等方面实现新突破。但是，在浙江快速发展海洋渔业的过程中出现了许多问题，如何合理利用渔业资源，保护海洋生态环境，实现可持续发展，是我们面临并且必须解决的紧迫问题。

　　本章从浙江海洋环境状况出发，调查、收集相关资料，剖析渔场修复与海洋环境治理的互动关系，梳理浙江在海洋环境治理方面采取的措施，总结成效，发现问题。分析未来一段时间浙江海洋环境治理面临的新形势与新任务，并在总结实践经验的基础上，结合相关理论，提出推进浙江渔场修复的海洋环境治理的政策走向。

第一节 浙江海洋环境状况

　　海洋是浙江的希望和未来，也是最大的潜力所在。良好的海洋生态环境是建设海洋生态文明，促进人海和谐共存与发展的重要基础和根本要求。但是，随着沿海社会经济的快速发展，海洋环境的压力越来越大，海洋生态环境的脆弱性日益显现。

　　"十一五"、"十二五"期间，浙江省高度重视海洋环境污染治理工作，海洋环境污染有所控制,但近岸海域海洋环境质量不容乐观,河口区污染严重,港湾、海岛等海洋生态系统损害趋势仍未得到完全控制,区域海洋环境问题呈现出多样化的特征。根据《2015年浙江省海洋环境公报》以及舟山、温州、宁波、台州等地的海洋环境公报,当前浙江省海洋环境状况依然不容乐观。

一、主要入海污染源状况

浙江省海域环境质量受钱塘江、甬江、椒江、瓯江、飞云江和鳌江等主要入海径流的直接影响。河流携带大量污染物入海导致河口及周边海域水质处于严重污染状态,主要污染物为无机氮和活性磷酸盐,周边海洋生态环境遭到不同程度的损害。沿岸入海排污口数量不断增加,入海污染物种类和数量得不到控制。城乡居民生活废水处理能力不足,沿岸工业企业污水排放达标率低,污染物在近岸海域累积带来潜在的环境风险。2015年,钱塘江、甬江、椒江、瓯江、飞云江和鳌江6条河流入海河口区域环境总体一般。无机氮、活性磷酸盐普遍劣于第四类海水水质标准。瓯江、飞云江和鳌江入海口区域化学需氧量偏高,年均值超过第一类海水水质标准。瓯江入海口区域石油类含量最高,年均值超过第一类、第二类海水水质标准。鳌江入海口区域总氮、氨氮、总磷、总有机碳、化学需氧量指标含量普遍高于其他5条江河。入海排污口排污超标现象严重。2015年监测的48个入海排污口当中,有42个存在不同程度的超标排放。48个排污口中,对邻近海域环境压力较高和压力高的比重占12.5%。入海排污口邻近海域生态环境较差,2015年浙江省海洋环境公报显示,在监测的20个重点入海排污口中,邻近海域生态环境质量等级处于"一般"等次的9个,处于"差"等次的11个。海面漂浮垃圾、海滩垃圾和海底垃圾数量较少。

二、重点港湾典型海洋生态系统受损严重

杭州湾、象山港、三门湾和乐清湾是浙江省具有独立海洋生态意义的重要港湾,但是,这些重点港湾生态环境一直处于不健康或亚健康状态。多数港湾排污口设置不合理,造成环境污染严重,环境容量压力增大;海洋与海岸工程使港湾地形地貌演变加速,水动力条件发生变化,水域面积减少,滩涂湿地萎缩;港湾内建设的热电厂和核电厂产生的温排水造成热污染、余氯和酸性烟尘等危害,使水体溶解氧降低,生物体死亡,局部区域海洋生态环境受损。特别是随着沿海产业带和城镇建设的进一步扩大,沿海涉海工程建设的加快,一些港湾内围填海工程的建设加速了港湾地形地貌的演变,水

动力条件发生变化,造成近岸海域生态环境系统受损,给原本脆弱的生态系统增加了巨大的压力。2015年,监测数据显示,杭州湾、象山港、三门湾、乐清湾、台州湾、温州湾6个港湾大部分海域劣于四类海水,主要超标因子为无机氮和活性磷酸盐,水质夏季最佳,春季次之。

三、近海海域海岛生态环境质量不容乐观

"十一五"期间,全省583个无居民海岛被不同程度开发利用,但其中289个岛屿仅局部进行了基础设施建设工程、海洋旅游和海洋渔农业等开发,294个岛屿因围填海工程、城镇与临港产业建设等开发建设,改变了无居民海岛的属性。少数海岛因过度开发造成自然景观、原始地貌和地质遗迹改变,海岛植被和鸟类等生物多样性降低,生态风险有所显现。部分地区海岛环境保护工作依然滞后。一些地区海岛开发利用与保护尚未进行规划管理,海岛尤其是无居民海岛开发利用缺少科学论证,岛屿及其周边海域的海洋生态环境保护目前处于缺位状态,有些海岛的开发利用和生态损害严重,甚至海岛灭失。

多年来,全省近岸海域水环境状况总体有所好转,夏季水质状况明显优于春、秋、冬三季。劣于第四类海水主要分布在沿岸区域,海水中主要超标指标为无机氮和活性磷酸盐。2015年监测数据显示,全省近岸66%以上的海域呈现富营养化状态。冬季海域富营养化程度最为显著,94%的海域呈现富营养化状态,春夏季富营养化状态相对较轻。重度富营养化海域主要集中在杭州湾、椒江口、瓯江口、飞云江口、鳌江口等海湾、河口区域。部分地区排污口邻近海域底栖生物群落结构趋于简单,底栖生物密度和生物量明显偏低,生物多样性差,局部海域出现无大型底栖生物区。

四、海洋生物资源开发过度

近海海洋捕捞强度已大大超过了海洋生物的再生能力,不合理的、超强度的开发利用海洋生物资源活动,尤其是经济鱼类在某些近海区域被酷渔滥捕,使海洋渔业资源严重衰退,传统渔场缩小,除中上层鱼类外,近海多数经济鱼类资源濒临枯竭,大黄鱼、乌贼已不能形成渔汛,海洋珍稀物种的种群数量正在不断减少,生物多样性明显降低。当然,海水养殖业自身带来的污染也不容忽视。近几年来随着海水产养殖业迅猛发展,与此同时也带来了一些不容忽视的问题,养殖规模、养殖方式和养殖品种缺乏规划和控制,养殖过程中药物、饲料的普遍推广和应用等不同程度地造成了海域污染,海水自净能力下降,生态环境呈现局部退化。

五、海洋灾害频繁

浙江省部分沿海地区是风暴潮、赤潮的高发区,每年风暴潮造成的直接经济损失过亿元;部分地区赤潮发生次数明显增加,影响范围不断扩大,对渔业养殖业造成了很大的威胁。2015 年,全市近岸海域共发生赤潮 12 次,累计面积近 837.5 平方千米,其中有害赤潮 3 次,面积 78.5 平方千米。

第二节　浙江海洋环境治理举措及其效果

"十二五"期间,浙江省坚持生态统领,深入实施海洋环境保护"十二五"规划,扎实推进近岸海域污染防治和蓝色屏障建设等行动,积极开展海洋生态文明建设工作,切实保护海洋环境,努力修复海洋生态,海洋环境治理取得了较好的成效。

一、浙江省海洋环境治理举措

治理浙江省海洋环境,一是要大力开展海洋环境污染整治工作,二是要强化海洋环境保护管理工作,三是要强化生态刚性约束。

(一)大力开展海洋环境污染整治

第一,严控陆源污染超标排放。实行严格的环境准入制度,加强陆源污染物排放监管,重点加大对入海排污口的监测,逐步安装在线监测装置;推进涉海数据信息共享,开展涉海部门联合执法,严厉打击违法排污行为,确保直排海污染源稳定达标排放。

第二,严控沿海水产养殖污染。对沿海主要水产养殖区域进行养殖容量调查,确定适宜的海水网箱投放数量,从源头上减少水产养殖污染;严格控制以冰冻海水小杂鱼作为饵料的养殖方式,逐步实现海水养殖全面使用绿色人工配合饲料。

第三,严控海洋船舶油类污染。按照船舶法定检验规则和有关规范要求,要求 400 总吨位以上船舶一律配置滤油设备;加大油污排海执法检查力度,切实减少船舶油污对海洋环境的影响。

(二)强化海洋环境保护管理

第一,推进海洋减灾综合示范区建设。国家海洋局已将温州市列为全国四个"海洋减灾综合示范区"城市之一,现已按《温州市海洋减灾综合示范区建设方案》开展示范工作。目前,温州市已经完成了全市海洋灾害风险排查、警戒潮位的核定等工作,苍南、平阳县海洋灾害风险评估与区划已完成验收。同时,启动了浙江省首座海洋自动观测平台——东瓯海洋综合观测平台的建设。加强海洋工程生态补偿工作,制定了系列规章制度。

第二,开展海洋生态保护和修复。一是继续做好海洋环境监测工作,每年公布海洋环境公报,制定海洋环境监测方案,开展监测工作。二是加强海洋保护区和海洋公园的建设。三是联动推进近岸海域污染防治工作。

第三,全力以赴投入"五水共治"工作。一是落实"河长制"责任分工。二是积极做好河道保护和修复工作。实施渔业增殖放流,在主干河道放流红田鱼、香鱼等苗种,美化乡村河道,同时对汤家桥河进行水质监测。三是加大"五水共治"宣传力度,巩固"五水共治"成果。四是深化渔业转型促治水行动。持续推进养殖污染整治,严控近岸及港湾传统小网箱数量,开展配合饲料替代冰冻(鲜)小杂鱼行动。加快高效生态模式技术集成创新与示范推广,积极发展池塘循环水、工厂化循环水等新型节能节地减排养殖模式,探索建立生态养殖小区低成本、集中式、区域化水处理模式;全面推广洁水渔业,不断扩大稻鱼共生、多品种混养等生态循环种养规模,鼓励发展贝藻类生态混养和碳汇渔业,适度发展离岸深水网箱、围网养殖。开展渔业资源本底调查、动态监测,规范优化增殖放流,实现生态净水、修复资源的目标。

（三）强化生态刚性约束,构筑蓝色生态屏障

强化生态刚性约束。进一步提高区域用海生态门槛,实施自然岸线保有率、围填海计划指标管理、区域工程限批等管控措施,严控落后、过剩产能和高耗能、高污染产业;开展海洋生态赔补偿制度、红线制度、海洋资源环境承载力监测与预警制度等研究和试点工作。启动了国家海洋生态红线制度试点工作,温州市作为生态红线制度试点城市,公布《温州市海洋生态红线划定方案》,开展温州市海洋资源及环境超载区基础信息收集和关键技术筛选工作。

构筑蓝色生态屏障。强化落实《国家海洋局海洋生态文明建设实施方案》相关任务,继续实施《浙江省近岸海域污染防治规划》和"三湾一港"污染综合整治方案,协同推进湾区经济绿色发展。结合"蓝色海湾"整治、"南红北柳"和生态岛礁修复等工程,推进海域海岛海岸带整治修复,编制并启动实施"美丽黄金海岸线（带）"修复建设规划。推进国家级海洋生态文明示范区建设,实施海洋生态保护区建设计划,加强海洋保护区新建与管理工作,

推进海洋牧场和水产种质资源保护区建设,打造滨海生态走廊。

二、浙江省海洋环境治理成效

一是海洋生态环境质量总体稳定。"十二五"期间,浙江省海域劣四类和四类海水海域面积比例均值约为 57.8%,一、二类海水海域面积均值约为 27.6%,与"十一五"期间基本持平。近岸海域沉积物质量总体良好,除铜、锌、石油类和滴滴涕少数监测站超标外,其他监测因子基本符合第一类海洋沉积物质量标准。海洋生物多样性基本保持稳定,浮游植物种类数稍有波动,浮游动物和底栖生物种类数略有上升。杭州湾、乐清湾、象山港、三门湾等 6 个主要港湾水质总体有所改善。

二是近岸海域污染防治稳步推进。通过落实钱塘江、甬江、椒江、瓯江、飞云江、鳌江及入海溪闸污染物入海量目标和强化对直排海企业的污染整治,控制和减少了陆源污染物入海总量,同时加强海水养殖污染防治和船舶、港口污染综合防治,基本形成了《浙江省近岸海域污染防治规划》引领、多个海湾污染整治重点推进的格局,陆海联动推进近岸海域污染综合防治取得实效。

三是海洋生态保护工作初见成效。截至 2015 年,海洋自然保护区和海洋特别保护区总数达 14 个、海域面积超过 2700 平方公里。"十三五"期间,新建水产种质资源保护区 7 个(其中国家级 2 个),保护重点渔业资源和关键栖息场所 280 多万公顷;开展 6 个海洋牧场建设项目,投入各种礁体空方约 26 万立方米,放流各类苗种 8600 万尾。对舟山普陀山岛、温州南麂岛等 20 个海岛开展了环境整治、生态修复和保护,并组织实施了海湾湿地保护与修复和海岸带生态修复等一大批项目。象山县、玉环县、洞头县、嵊泗县已先后获批成为国家级海洋生态文明建设示范区。

四是海洋环境监测水平得到提升。通过自建、共建和协作等方式,建立了 28 个海洋环境监测站(中心),初步形成基本覆盖浙江近岸海域的海洋环境质量监测网。组织实施了全省近岸海域环境、入海排污口、赤潮应急等多项监测,新增监测指标 10 余项;率先在全国组织实施重点港湾、主要入海江河及主要入海排污口的月度监测与通报制度。

五是海洋生态环境保护机制探索取得进展。在温州市试点建立海洋生态红线制度,为重要海洋生态功能区、生态敏感区和生态脆弱区提供保护;在象山港区域试点建立陆源入海污染物总量控制制度,为其他地区污染物排放总量控制提供良好示范;在洞头县试点建立海洋资源环境承载力监测预警制度,为超载区域制定限制性措施提供技术支撑。

三、浙江海洋环境治理存在的问题

"十二五"以来,浙江省在海洋生态环境保护方面虽然取得了一些阶段性成果,但仍然存在一些突出问题,主要表现在:

一是海洋生态环境治理任务艰巨。以 2015 年为例,仅海洋部门监测的钱塘江等 6 条主要河流就携带入海化学需氧量等主要污染物 270 万吨左右,48 个入海排污口全年排放入海污水总量约达 5.8 亿吨,陆源入海污染物总量仍居高不下。大量海洋工程、港口海运等沿海开发活动给海洋生态环境带来巨大压力;海洋捕捞强度大大超过渔业资源承受能力(年均捕捞量超出最大可捕量的 54%),部分水产养殖方式不尽合理,近岸水质恶化、赤潮频发、自然景观受损、经济鱼类小型(低龄)化等趋势仍未得到根本遏制,近岸海域海水无机氮和活性磷酸盐等超标严重,重要生态服务功能下降趋势明显,部分区域生物多样性降低,生态系统总体处于亚健康状态,海洋生态环境急需治理修复。

二是海洋生态环境保护制度有待完善。重要生态区域划定及针对性保护、资源环境承载能力预警等生态环境保护制度滞后于监管需求;管理部门之间信息封闭、力量分散、互不协调的现象一定程度上依然存在,陆海联动的海洋环境污染综合防治机制有待进一步推进和完善。

三是海洋环境监管能力仍然不足。浙江省海洋环境监测网络还存在范围和要素覆盖不全、信息化水平和共享程度不高、各级监测经费保障不充分、监测与监管结合不紧密、海洋环境监测整体能力不足等问题。海洋环境风险管控和应急能力建设十分薄弱,海洋环保执法队伍、监管能力、管理手段存在明显短板,尤其是近岸养殖和海岸工程的环保监管能力亟待加强。

第三节　浙江海洋环境治理面临的新形势与新任务

近年来,随着国家对生态环境保护的重视程度不断增加,政治、经济、法制、社会等基础不断夯实。一是生态文明建设已经融入经济社会发展的各方面与全过程,提到了前所未有的高度,成为沿海各级党委政府的重要政治任务;二是科学发展、绿色发展、转型发展成为新常态下的经济发展主旋律,将从根本上减轻海洋资源环境的压力;三是随着新《环境保护法》的全面实施和生态文明考核等制度的出台,相关环保法律法规制度体系逐步完善,海洋生态环境保护有法有据;四是生态文明和环境保护理念不断普及,全社会共建共享美丽海洋的合力不断聚集。此外,浙江省委省政府以建设"两美"浙江、推进"五水共治"和浙江渔场修复振兴等战略部署倒逼传统经济转型升级,将生态理念具体化,为浙江省海洋生态环境保护工作提供了新抓手。

与此同时,在长期积累的素质性、结构性海洋生态环保问题尚未得到根本解决的基础上,"十三五"时期经济快速发展又将带来新的污染增量,经济社会发展需求与海洋资源环境承载力的矛盾仍将较为突出。除此之外,海洋环境污染受外源性影响较大,自身成因复杂,综合治理较为困难,实现海洋生态环境质量根本性、持续性改善仍将是一个长期的过程,日益复杂的形势和日趋艰巨的任务给海洋生态环境保护工作带来了严峻挑战,浙江海洋环境治理面临着许多新的任务。

一、加强海洋环境整治,改善海洋生态环境质量

依托"五水共治"、"一打三整治"等工作,全面实施水污染防治行动计划,深入推进海洋环境污染整治,努力促使海水富营养化得到有效控制,近岸海域生态环境稳中趋好。

第一,严控陆源污染物入海。深入实施"河长制"工作,重点抓好流域污染控制和近岸海域污染防治,努力提高钱塘江、甬江、椒江、瓯江、飞云江、鳌江等入海河流和溪闸水质,推进象山港入海污染物总量控制示范工程。根据水污染防治行动计划要求,研究建立浙江省重点海域和沿海各设区市的总氮排放总量控制制度。同时稳步推进工业重污染行业整治,加快推进城镇污水处理提标改造、脱氮除磷等工作,加强农业农村和河道污染治理,充分运用总量削减等手段,控制和减少污染物入海量。进一步深化沿海地区特别是直排海企业的污染整治,开展入海排污口监测和巡查,对未达标排放的入海排污口进行整治,全面清理非法或设置不合理的排污口以及经整治仍不能实现达标排放的排污口。加快推进沿海工业园区污水集中处理工程建设和提标改造,建立重金属、有机物等有毒有害污染物排放企业的管控制度;引导园外企业向园区内集聚,最大限度消减零星企业向海域排放污染物。

第二,开展水产养殖污染防治。对象山港、三门湾、乐清湾等沿海重点养殖区域进行养殖容量调查,确定适宜的海水网箱投放数量,分步整治削减近岸及港湾传统小网箱数量,从源头上减少水产养殖污染。积极发展浅海贝藻类生态健康养殖模式,引导发展海水池塘循环水养殖和工厂化循环水养殖,适度发展离岸智能型深水网箱、大围网和拦网,加快推进海水养殖塘生态化改造,努力实现清洁化生产。大力推广配合饲料替代冰冻小鱼养殖,逐步实现海水养殖全面使用绿色人工配合饲料。海水养殖塘清洁生产全面推广,主要海水养殖品种的配合饲料得到普遍应用。

第三,深化船舶污染整治和海洋倾废监管。全面开展船舶防治油类污染、防垃圾污染、防污底系统等设施设备配置工作,加强对船舶尤其是危化品船舶锚泊、装卸活动监管,加快港口、码头污染物接收、转运及处置设施建设,提高垃圾、含油污水及化学品洗舱水的接收处置能力。强化船舶危险品作业和涉污作业现场监管,重点加强船舶防污染监督检查,严厉查处船舶污染物违法排放。规范拆船行为,禁止冲滩拆解。严格海洋工程建设项目环评和审批,加强动态执法监管,对海洋倾倒区特别是对重大疏浚项目进行跟踪监视,实现海洋倾废的海陆同步监督管理。

第四,深入推进“一打三整治”专项行动。继续严厉打击涉渔“三无”船舶及其他各类非法行为,建立涉渔“三无”船舶防控体系,落实属地监管责任,坚决防止反弹回潮;持续开展捕捞渔船“船证不符”和渔运船整治,建立健全捕捞渔船、渔运船更新改造监管体系;全面开展禁用渔具整治,坚决打击制造、销售、维修、随船携带、使用国家和省规定的禁用渔具的行为,整治规范捕捞渔船“证网不符”行为,逐步推广使用符合最小网目尺寸标准渔具。

二、开展海洋生态修复,构建海洋生态建设格局

以提升生态系统服务功能为目标,加强海洋生态建设,推进海洋生态整治修复,形成近岸(海岛、岸线)整治修复、近海海域生态建设各有侧重的生态环境保护修复格局,加快推进海洋生态建设。

第一,推进港湾岸线海岛整治修复。深入实施浙江省近岸海域污染防治规划和海湾污染综合整治方案,推动污染严重的重点海湾综合治理,完成沿海城市毗邻重点小海湾的整治修复,全面提高湾区环境质量。坚持自然恢复与人工修复相结合,修复受损岸滩,打造公众亲水岸线。因地制宜开展滨海湿地、河口湿地生态修复,推进盐沼植物、红树林种植工程,加强对杭州湾、象山港等滩涂湿地的保护和生态修复,通过退养还滩等方式改善滩涂湿地的生态环境。

第二,加强海洋保护区与海洋牧场建设。深入开展已建海洋自然保护区和特别保护区建设管理工作,加快各类基础设施和管护设施建设,全面提升管护能力。在现有基础上继续开展海洋自然（特别）保护区和海洋公园建设，新建3个海洋特别保护区，完善海洋生态安全屏障，推进候鸟栖息地保护。推进产卵场保护区划定，强化浙江渔场主要渔业资源品种"三场一通道"保护；创新建设与管理新技术、新模式，大力推进海洋牧场建设；加大渔业资源增殖放流力度，促进海洋重要渔业资源恢复。

第三，推进海洋生态建设。以海洋生态建设示范区创建工作为抓手，统筹海洋生态环境保护、海岛与海岸带整治修复、海洋资源要素保障、海洋文化建设、海洋综合管理保障等多个方面，以重大项目和工程为抓手，建立完善示范区工作机制，规范示范区建设与管理，积极探索海洋生态建设有效模式，综合提升海洋生态建设水平和海洋综合管理能力。

三、完善制度机制建设，夯实海洋环境治理基础

探索建立三大制度，实施系列改革举措，夯实海洋环境治理基础，持续深化海洋生态环境保护工作，实现绿色发展。

第一，完善海洋生态红线制度。完成全省海洋生态红线划定工作，在温州市海洋生态红线制度试点的基础上，将重要、敏感、脆弱的海洋生态系统纳入海洋生态红线管控范围，实施强制保护和严格管控。制定海洋生态红线监督管理办法或配合国家海洋局制定相关管理规定，实现海洋生态红线的常态化监管。

第二，探索海洋生态补偿制度。建立海洋开发活动和海洋污染引起的海洋生态损害补偿制度，制定并推进出台《浙江省海洋生态损害补偿办法》，形成海洋生态损害评估和海洋生态损害跟踪监测机制，探索对重点生态保护区、红线区等重点生态功能区的转移支付制度，积极推进在沿海各市开展县（市、区）级海洋生态损害补偿试点。

第三，探索建立海洋资源环境承载力预警机制。以县域为单位开展区域海洋资源要素、环境要素、社会经济要素等综合调查，完成海洋资源环境承载力研究及评估，定期编制预警报告。建立海洋资源环境预警数据库和信息技术平台，在重点海域推进构建海洋资源环境实时监测监控系统，加大数据共享力度，逐步建立多部门、跨区域协调联动的海洋资源环境监测预警体系。

四、推进基础保障建设，提升海洋环境监管能力

以加强执法能力和监测能力建设为重点，同步推进应急处理能力，形成与海洋环境保护工作推进相匹配的管理保障能力，不断提升综合监管系统

化、科学化、法制化、信息化水平。

提升海洋环境执法能力。着力构建人防技防相结合的"五化体系"(队伍专业化、制度规范化、装备精良化、指挥信息化和管控常态化),全方位推进浙江省海洋环境执法能力现代化建设。加强执法装备建设,提升基础保障能力和水平。强化科技支撑,提高综合管控和服务能力。加强执法综合管理系统建设,构建集接警调度、统一指挥等功能于一体的指挥系统,全面提升执法信息化水平。加强执法队伍建设,深入开展执法人员岗位培训和考核考评,深入开展岗位大练兵、技能大比武,不断提高执法人员综合素质和依法行政能力。

提高海洋环境监测能力。统一规划、整合优化海洋环境质量监测基础站点,形成布局合理、功能完善的全省海洋环境质量监测网络。健全入海污染源监督监测,加强对入海直排口和入海江河携带污染物的监督评估。不断提升水质在线监测能力,实现重要海洋功能区常规水质监测自动化。推进卫星遥感监测能力建设,建立海洋生态环境卫星遥感监测省级应用平台。加强对有毒有害污染物监测的能力建设。逐步建立海洋环境质量综合评价体系。构建海洋环境监测大数据平台,加强监测数据资源开发与应用,建立全省海洋生态环境监测数据共享机制和共享平台,依法建立统一的海洋环境监测信息发布机制。

增强海洋生态环境应急响应能力。加强海洋生态环境风险监测与预警,开展重要港湾和生态敏感海域环境监测与评估,建立健全应急响应机制,制定海洋溢油、化学品泄漏、赤潮、核事故等海洋环境灾害和突发事件应急预案,加强海洋环境灾害关键预警预报技术研究与应用,加强省市县三级海洋灾害应急指挥协调能力,提高环境风险防控和突发事件应急响应能力。

第四节 走向协同治理的海洋环境治理策略

面对新形势、新任务,除了发挥好政府在海洋环境治理中的主导作用外,我们认为还应当转变治理策略,从政府治理走向政府、社会、公众的协同治理,构建一种政府互助、公众参与、社会协助的海洋环境治理新格局。

一、海洋环境协同治理的必要性

首先,风险社会背景下,海洋环境突发事件的应对需要进行协同治理。

我国海洋环境突发事件的协同治理体系存在综合协调机构和应急指挥平台建设的缺失与滞后,综合性环境保护法律的缺陷与不足,社会参与意识淡薄、参与程度不高,应急信息沟通和信息发布机制的不完善和不健全等困境,难以满足我国海洋经济高速发展对海洋灾害应急工作的要求。"风险社会"的来临,给人类社会传统的风险治理机制带来了新的挑战(吴志敏,2013)。面对频发的海洋环境突发事件及海洋环境风险,传统的应急治理体系承受的压力越来越大,急需建立一个新的海洋环境突发事件治理体系来进行应对(李健 等,2015)。

其次,海洋环境污染的特性决定着海洋环境污染需要协同治理。海洋环境污染是外部性显著的公共产品,治理海洋环境污染往往涉及多个地方政府,只有各地方政府通力协作才能达成较好的治污效果。而由于地方政府间的行政壁垒和利益诉求,使得如何协调地方政府间关系成为能否实现共同治理海洋环境污染的关键。因此,构建地方政府间良好的协调机制是解决海洋环境污染的重要条件(顾湘,2013)。海洋环境的特殊性决定了区域范围内海洋环境共同利益的存在,进而使海洋环境治理呈现明显的区域性特征。相互毗邻的行政区域海洋环境的治理因海水流动性需要超越地方主义,采用区域范围内整体协调的特殊管理方式——跨区域府际协同治理(刘乃忠,2015)。

再次,走出当前海洋环境治理困境需要协同治理。跨海域政府间的协作治理还面临重重困难,具体表现在:部分地方政府跨区域合作治理观念严重滞后、跨区域海洋生态环境合作治理体制不完善、跨区域海洋生态环境合作治理法律保护不完善(陈莉莉 等,2011)。海洋环境污染的合作治理过程中,合作治理主体单一、合作治理方式制度化程度低、合作治理过程沟通不畅以及合作治理目标还存在本位主义等是影响合作治理效果的主要因素(傅广宛 等,2014)。只有跨区域海洋合作治理,才能真正根除海洋环境治理的各种历史局限性,也才能真正适应当代海洋环境治理的特殊要求(戴瑛,2014)。

二、浙江海洋环境协同治理的具体建议

构建我国海洋环境协同治理新格局,探索海洋环境突发事件协同治理新模式,必须完善协同治理的法规制度、优化协同治理的应急管理机构、健全协同治理的公众参与制度、搭建协同治理的信息平台、借鉴协同治理的国际经验(吴志敏,2013)。探索将部门协同与大数据有机结合,构建大数据背

景下的协同治理体系,通过协同管理系统有效提升治理过程中的资源调度效率与部门间合作效率,通过大数据信息处理系统,运用大数据技术对算法、模型进行有效汇聚,实现海洋环境的实时监测与及时预警,提供可视化的信息服务(李健 等,2015)。必须进一步优化海洋渔业环境污染合作治理机制,实现合作治理主体多元化、合作治理方式制度化、合作治理过程互信化、合作治理目标指向公共利益最大化(傅广宛 等,2014)。

(一)让公众实质性的参与治理

随着公民意识的觉醒,公众对于关系自身利害的公共事务表现出极大的参与热情。海洋环境治理的好坏与公众生活息息相关,近年来的海洋环境污染事件无不引起公众的极大关注。海洋环境染治理的长期性和复杂性决定着需要多元社会治理主体参与。

公众的广泛参与可以减少政府的治理成本,有利于增强公众对政府决策的支持,实现决策的科学化、合理化。政府可以依据公众的反馈调整治理的方式,实现公民与政府的良性互动。是否让公众积极参与海洋环境治理,也是一个国家是否重视和保护公民权利的重要标志。作为公众参与的法律确认和保障,我国《环境保护法》规定,"应及时公开行政机关发布环境状况的公报,环境影响报告书中,应当有该建设项目所在地单位和居民的意见"、"任何单位与个人既有义务保护环境,也有权利控告污染、检举破坏环境的单位与个人"。可见,公众参与海洋环境治理在法律上已经有许多制度性的。但是,这些规定主要是原则性的和概括性的规定,公众参与还主要是消极被动的参与,往往表现为对已经发生的污染进行建议或投诉。就目前制度设计层面而言,我国的环保参与制度还不够完善,对公众参与的方式、阶段和效果,现行海洋环境保护法律制度都没有明确规定。而且,长期以来由政府主导的海洋环境治理模式,使公众海洋环境治理参与意识、社会责任感明显缺失,造成公众在环保领域依赖政府的特性非常明显。因而,为实现科学性和民主化的海洋环境治理,我们必须健全和完善环境法中的公众参与制度,提高公民的参与意识。需要进一步拓展参与渠道。鼓励公众关心身边的海洋环境问题,参与的前提是知情,要开放更为广泛的渠道,便于公众查询、了解相关情况,便于公众反映意见,便于公众监督举报,提高公众参与水平和参与效果。

(二)积极推进政府间的协作治理

环境问题的系统性和客观性决定了良好的环境治理必须打破区划界

限,从生态系统整体出发调动利益相关者共同参与,以科学为基础针对环境特点进行"适应性"管理(巩固,2010)。澳大利亚就尤其重视政府间的合作,例如,联邦政府与州、地方政府合作开展了海岸带管理、国家污染物名录编制等多种行动计划。

有学者提出,我国海洋环境污染治理地方政府间协调机制的构建,可以按照电子政府的技术路径,以政府联盟为组织形式,以利益再分配作为补偿机制进行构建(顾湘,2013)。也有学者提出,作为海洋环境问题的重要社会控制及利益衡平的重要机制,区域合作手段必将是区域化调整方法的重心及重要实现路径。该学者认为凭一己之力难以有效解决海洋环境问题是区域合作治理的动因,打破"政治型界墙"追求共同利益是促成合作的重要因素,层次与方式多样化是深化合作的重要途径,而完善的法律体系是合作实现的制度保障(钭晓东,2011)。

政府间的协作治理首先需要政府转变治理理念、构建多元化的府际网络治理机制、提升区域空间海洋生态环境管制、采用污染物入海申报许可和总量控制制度、健全府际间海洋环境协调治理的法律规范(陈莉莉等,2011)。

(三)发挥社会组织在海洋环境治理中的作用

澳大利亚同样重视与非政府机构的合作,许多社会事务由非政府组织、公民社区自主管理。非政府组织如 EDF(Environmental Defense Fund)通过社会捐助进行相关的调查和研究,并对公众进行宣传和教育。目前,澳大利亚已有越来越多的水环境保护志愿者、企业、社区参与近岸水质监测的工作。中国海洋环境污染治理主体构成较为单一,主要由环保、海洋、海事、渔业等海洋行政部门组成,政府在治理中一直处于主导地位。但是,近些年,中国非政府组织已成为环境保护中的新生力量,如香港海洋环境保护协会、蓝丝带海洋保护协会为海洋生态环境保护起到了积极的作用。但目前有关海洋环境保护的非政府组织数量少,资金和专业人员短缺,没有形成治污合力(张继平 等,2013)。

日本政府 1998 年颁布了促进和明确社会组织的法律。鼓励社会组织参与海洋环境污染治理相关政策的推动。一些社团组织充当了中间人的角色,缓解了政府和公众之间的矛盾,有利于相关政策信息下达和执行。例如,在濑户内海的治理过程中,濑户内海所属县市成立了环境保全知事、市长联络会,配合中央政府的环境主管部门,共同担当治理濑户内海环境保护的领导和协调工作,使得濑户内海治理过程中存在的问题及时得到反馈和解决(张继平 等,2012)。

但是,就我国目前的国情来说,社会组织开始发育但还不够成熟、不够壮大,传统文化也还正在接受现代文明的洗礼,还有一些陈旧观念顽固地扎根在人们的心里,需要不断发展的精神文明来将它慢慢剔除(傅广宛 等,2014)。海洋环境治理,不应当完全依赖于政府。政府应发挥主导作用,但也应在引导和培育社会组织方面下功夫。

我国海洋生态环境治理存在的治理主体权责配置、治理政策执行、治理整合机制和治理信息共享机制的"碎片化"现象,使得海洋生态环境治理效率低下(张江海 等,2016)。在海洋生态环境治理过程中,政府已经不再是唯一的治理主体。为实现海洋生态环境治理效率最优,要将政府、社会、公民等在内所有主体纳入到海洋环境治理体系中,构建政府、社会、公众多方参与海洋环境治理的协同治理体系。

第九章　国内外渔场修复与管理的经验借鉴

本章主要借鉴浙江舟山、台湾和日本、韩国、挪威等国内外渔场修复和管理的经验,为浙江在渔场修复中着力完善依法治渔制度体系,抓好渔民生计保障,提出资源、环境、产业、民生统筹协调的有效措施。

第一节　国内外渔场修复与管理概况

在渔场修复与管理方面,国内外均有值得借鉴的经验。

一、国内渔场修复概况

国内渔场修复的典型是山东省和浙江省,这里主要介绍这两个省渔场和渔业资源修复的概况。

(一)山东省渔业和渔场资源修复概况

山东省一直是全国渔业重要产区,然而,从 20 世纪 80 年代起,受水域污染、过度捕捞等诸多因素影响,近海渔业资源严重衰退,主要渔场难以形成渔汛,水域生产力严重下降,生态环境持续恶化,严峻的荒漠化态势危及渔业可持续发展和海洋生态安全。

山东省政府认为,加强渔业资源修复,大力建设海洋牧场,减缓并遏制渔业资源衰退,对维系水域生态环境,提升现代渔业可持续发展能力意义重大。为宏观调控和综合管理全省渔业资源修复工作,科学划定海洋牧场及内陆资源增殖区域,提升全省渔业资源修复工作效率,根据《中国水生生物资源养护行动纲要》《山东省海洋功能区划》和《山东省渔业资源修复行动规划》，该省制定了《山东省渔业资源修复工程规划（2010—2020 年）》。

2010 年，山东省暨日照市渔业资源修复活动开始，这标志着山东省有史以来最大规模的渔业资源修复行动全面实施，3000 公里海岸线和广大内陆湖泊渔业发展将迎来一个新的契机。

2005 年，山东省在全国率先启动实施了《山东省渔业资源修复行动计划》，六年来全省渔业资源修复项目累计投入资金达 14.2 亿元，其中，2010年全省投入达到 3.5 亿元，省级以上财政资金 1.4 亿元，计划增殖放流各类水产苗种 39.1 亿单位，扶持 10 处新的人工鱼礁区、7 处新的渔业种质资源保护区和 190 个深水网箱建设，渔业资源修复资金投入、放流规模等均创历年之最。

目前，山东省放流品种近 30 个，包括中国对虾、日本对虾、三疣梭子蟹、海蜇、金乌贼、牙鲆、黑鲷、半滑舌鳎等名贵地方经济种类；海参、鲍鱼等海珍品以及文蛤、菲律宾蛤仔、大竹蛏等多种经济贝类。同时，将草鱼、鲢鱼、鳙鱼、黄河鲤等优质品种投向了内陆湖泊、大型水库和黄河口水域。

持续增殖放流获得巨大回报，近海严重衰退的重要经济渔业资源种群数量明显得到了补充。一度匮乏的对虾、海蜇、三疣梭子蟹等主要品种，目前已形成了比较稳定的秋季鱼汛，久违的美味重新回到老百姓的餐桌。

截至 2010 年，山东已累计回捕海洋增殖资源 18 万吨，产值 49 亿元，直接投入产出比平均达 1∶17 以上。回捕增殖资源已成为山东沿海中小马力渔船秋汛的主要生产门路之一。仅此一项，捕捞渔民年均增加纯收入 1700元。到 2010 年，山东已建设人工鱼礁 130 余处，初步形成了莱州湾东部、庙岛列岛、烟威近海、荣成近海、青岛近海、海州湾等 6 大人工鱼礁片区。

从 2015 年起，该省将组织实施"渔业资源修复行动计划"。山东省财政将拿出 2000 万元支持这一计划，市、县两级将提供配套资金。该行动计划将加大增殖渔业的投入力度，搞好主要资源品种的增殖放流。突出抓好渔业资源增殖功能区论证、设立工作，在全省设立 5 个渔业资源增殖功能区；积极开展人工鱼礁建设工作，在现有 5 处试验性鱼礁的基础上，有计划、有重点地在重要渔场和近岸优良海域建设大规模的人工鱼礁群；加强对深水网箱养殖的引导，推进养殖区域由近海逐步向深水区拓展；建设渔业生态保护区，改善渔业生态环境。逐步构建集海洋资源开发、增殖、海上游钓、休闲旅游为一体的"海上人工牧场"。

(二)浙江省渔业和渔场资源修复概况

由于近几十年来的过度捕捞以及近几年的环境污染和栖息地破坏,浙江省渔场渔业已陷入了日益枯竭的境地,针对这一困境,浙江省委、省政府全面启动了浙江渔场修复振兴暨"一打三整治"专项执法行动。经过艰辛的努力,各项工作取得了阶段性的成效,特别是"一打"(涉渔"三无"船舶取缔)工作在浙江省已全面完成,下一阶段的任务将会在巩固"一打"成果的基础上,全面推进"三整治"专项执法行动。"一打三整治"专项执法活动的目的是修复与振兴浙江渔场与东海渔场,而遏制过度捕捞是拯救浙江渔场、实现渔场修复振兴的关键。修复与振兴浙江渔场除了"一打"之外,重点还在于落实"减船转产"政策,只有通过有效地控制捕捞规模,防止捕捞的无序增长,方能实现浙江渔场的修复与振兴。

2016 年,浙江渔场修复振兴暨"一打三整治"行动已进入向纵深推进的第三个年头。对照省委、省政府《关于修复振兴浙江渔场的若干意见》中提出的"三步走"时间表,2015 年年底,浙江省已基本完成涉渔"三无"船舶的取缔工作,实现了"三年任务一年完成",但要如期完成杜绝非法捕捞等目标,仍任重道远。促进渔业的可持续发展,有效修复渔场,保护渔民的合法权益是浙江进一步深化"一打三整治"专项执法行动的关键。2016 年是浙江渔场修复振兴工作从打"三无"为主的攻坚战向"打、治、养、护、转"并举的持久战转变的关键之年。如何巩固现有成果、建立稳渔富渔的长效机制? 在既有成绩基础上,浙江省以不获全胜绝不收兵的坚强决心,掀起渔场修复振兴的又一个高潮。

二、国外渔场修复和管理现状

国外的渔场管理研究由来已久,日本、韩国、美国、澳大利亚等国渔业法相当完备,这在一定程度上促进了本国渔业的可持续发展。Ostrom(2000)通过对渔场资源的研究形成了自主治理思想,James N. Sanchirico(2006)等通过对澳大利亚、加拿大、冰岛、新西兰四个国家渔场的研究,认为个体配额制度对渔业资源的恢复、渔场的合理利用、渔业的可持续发展有着重要的作用。我国渔场的恢复和管理措施一直以投入控制为主,采用自上而下的垂直管理模式,对渔业资源的开发和管理也主要依靠政府的行政管理,渔场的修复效果不明显,渔民的合法权益一直得不到有效保护。

日本建有完备的渔业自治管理机构,渔民自我管理的组织体系比较完整,渔场管理措施较为严密,执行也是相当的严格,且取得了明显效果。渔民们可通过海区渔业调整委员会和渔业协会,进行充分的意见交流和协商,共同制定出当地渔业管理规定。同时,日本注重加强渔民培训,提高其技术水平和管理能力,支持渔民自主减船,发展休闲渔业、养殖渔业,确保渔场合理化利用。韩国提出了"从捕捞渔业转产养殖渔业"发展战略,采取一系列措施实施渔业资源增殖,如打造海洋生物种类的人造栖息地"人工鱼礁项目",优质苗种培育和放流、建设海洋牧场等。

第二节　国内渔场修复与管理经验

一、浙江省舟山沿岸渔场修复与管理经验

浙江舟山渔场位于浙江省舟山群岛附近海域,面积约为 5.3 万平方千米。该海域沿岸线曲折,岛屿密布,港湾众多,台湾暖流、沿岸流在这里交汇,生境类型丰富,各类海洋生物都能找到相应的生存空间,非常适于海洋生物栖息、索饵、生长和繁殖,因此形成了我国最大的渔场。但由于生态系统退化、过度捕捞导致渔业资源严重退化,现在已处于"无鱼"可捕的境地。

（一）舟山沿岸渔场的现状

首先,渔场生态系统严重退化恶化。水质质量方面,沿岸水域长江口、杭州湾附近海域重度污染,舟山渔场海域近岸区域多数为劣四类水质,2012年东海劣四类水质海域就比上年增加了 6700 平方千米,个别区域甚至形成了无生物区域,2013 年东海劣四类水质区域面积略有减少。生物多样性方面,2008 年以来,长江口海域浮游植物、浮游动物和底栖动物多样性指数呈下降趋势,整个海域生物种类持续减少,生物结构趋于简单化。海洋生物栖息环境持续恶化,生态环境丧失严重。生态系统功能严重降低。由于舟山渔场海域海洋污染严重,富营养化程度高,造成赤潮频发。

其次,近岸捕捞渔业产量降低。随着舟山渔场捕捞压力的加大和环境变化,舟山渔场渔业资源衰退严重。经济鱼类的产量急剧减少,比重下降,特别是属于舟山渔场传统渔业捕捞种类的"四大家鱼",产量从 1974 年占海洋捕捞总产量的 76.96%,下降到 1984 年的 36.06%,到 2008 年只有 1.13%,以至于现在已下降到 1% 以下。

虽然舟山从 1995 年开始全面实施伏季休渔,已使传统经济渔业资源有所恢复,但渔场传统主要经济渔业资源尚未明显好转,多数资源尤其是传统

资源仍处于过度利用中。舟山渔场渔业资源开发利用已到了极限。

再次,渔业结构发生变化。随着舟山近海捕捞渔业主要经济种类产量的大大降低,渔捞种类逐渐低值化、低龄化、小型化,捕捞渔获物平均营养级处于下降趋势。渔获物种类更替明显,渔获物总体营养级水平在持续下降,渔业资源在向食物链层次较低的品种及生命周期较短的种类发展。目前,虾类、贝类、蟹类等无脊椎动物产量接近50%。贻贝、对虾、梭子蟹成为舟山渔业的三大主导产业。由于近海渔业资源枯竭,海洋捕捞转向以鱿鱼、金枪鱼、秋刀鱼等为捕捞对象的远洋渔业。目前远洋渔业占舟山渔业总产量的15%左右。

最后,渔场持续发展科技支撑不足。科技支撑不足,能力建设薄弱,资金投入不足,使得舟山渔场海域的海洋环境检测能力、预报预测能力和控制治理能力还十分薄弱,受现行机制的影响,舟山海域沿海地区间、部门间协调管理和对重大海洋环境的研究和治理不够。由于科技支撑不足,造成舟山渔场生态系统和渔业资源变动机制不明,使其无法得到进行有针对性的、有效的管理,捕捞方式、捕捞强度、捕捞产量等均无法得到真正控制,导致船越造越大、鱼越捕越小,捕捞力量和渔业资源之间处于非良性循环状态。

(二)舟山沿岸渔场修复和管理经验

舟山市政府根据辖区海况、资源、渔场的变化,抓好渔业资源管理,在渔业修复和管理方面取得积极成效。

1. 伏季休渔管理经验

开展伏季休渔执法行动,紧紧抓住伏休前、开捕前等重要时间节点,落实码头、冷库、市场等鱼货销运及涉渔船舶建(改)造厂(点)定期执法巡查责任包干制度,省、市、县(区)三级联动,海陆空三位一体伏季休渔专项联合执法。

在伏季休渔管理方面,舟山做到了所有休渔船只全部按时休渔,回港休渔率达到100%,休渔网具离船率达到100%。但禁渔期结束之后,大量的渔船、渔民涌入生产区进行生产,禁渔的成效当年就被破坏殆尽,而渔民为了获得更多渔获量,在渔业生产方面不断加大投入,渔船功率不断提高,捕捞技术日益进步使捕捞力量很难得到控制。从表面上看,经过禁渔期后,渔获量有所上升,但实际来看,经过短短几个月的捕捞,渔业捕捞量又回到了禁渔期前的水平,渔业资源仍然很匮乏,渔业资源并未得到根本性恢复。

2. 渔业资源管理的经验

近年来,舟山高度重视海洋渔业资源的管理工作,不断建立健全组织机构、工作机制,为辖区渔业资源的可持续利用做出积极努力。尤其在浙江渔场修复振兴计划实施暨海洋伏季休渔管理期间,立足全国最大渔场战略定位,以铁的手腕全力推进渔场修复振兴行动,开展海洋渔业资源管理各项工作,取得了积极成效。

强化领导,健全工作机制。舟山成立了由市委分管领导任组长,政法、经信、安检、工商、环保、海事、海洋与渔业、公安边防等多部门负责人为成员的舟山渔场振兴暨"一打三整治"工作协调小组。各县(区)、乡镇(街道)政府也将层层建立相应组织机构,形成"条块结合,属地负责、综合执法、合力推进"的工作机制。将舟山渔场修复振兴工作完成情况列入各级政府、各级部门年度目标责任制以及"平安舟山"工作考核,并与领导干部考核奖惩相挂钩。

制定方案,明确行动纲领。结合舟山实际,研究起草《舟山渔场修复振兴暨"一打三整治"工作实施方案》,海洋渔业、海事、边防、信访等部门相互对接,进一步细化工作方案,增强方案的可行性和可操作性。《方案》根据远近结合、治标与治本结合、完成了"一打三整治"专项执行行动、减船转产专项行动、"生态修复增殖放流"行动三大重点任务。

摸清家底,夯实工作基础。全面开展"三无"涉渔船舶和"船证不符"渔船摸底、现场勘验、数据库等级船只数、实际船只数的核查等基础工作,市、县(区)渔业主管部门积极组织力量,会同乡镇(街道)深入渔港、码头开展摸底排查,切实做好渔民思想工作,鼓励渔民主动如实上报有关情况。

二、台湾渔场修复与管理经验

台湾西面是大陆架,平均深度达 60 米。西海岸沿岸尽是海滩、沙丘、潟湖、河口湾、湿地和一大片潮间带。台湾东海岸面向太平洋,其中的海床和海沟深度不可测量,离海岸 6 海里远处,深度可达 3000 米。东海岸布满砾滩、岩石、海湾与峭壁。冬天里,海水沿中国大陆东岸南下,在台湾两侧造成上升流,温和的气候和特殊的海域,加上外海大量的自然珊瑚礁,使这里变成绝佳的渔场。正因为如此,这里的鱼种超过 2000 种,占全球生物种类的 1/10,利于捕捞生产。

(一)台湾渔场存在的问题

在过去,台湾因为渔场资源保护不足、工业发展和渔业生产之间的冲突等问题,导致渔业资源减少和渔获组成改变、过度开发或污染珊瑚礁、湿地和潟湖,导致生物多样性减少、海洋旅游与渔港使用的冲突等问题。

沿岸的渔获量从 1986 年的最高纪录 56700 吨递减至 2003 年的 49700 吨,而且,近海渔获量从 1980 年的 370900 吨递减至 2003 年的 185900 吨。过去 15 到 30 年间,不但渔获量缩减,渔获组成也随之变动。台湾当局虽然在过去数十年来建立了几个海洋保护区,但依然阻止不了珊瑚礁、湿地以及潟湖遭到滥用或被污染。这种情况已经导致海洋生物多样性降低。

人们生活质量提高了以后,海岸地区的使用也呈多样化,包括农业与渔业、工业发展、海岸工程、技术发展、海上运输、海洋观光等。为了应付工业与民宅需求,不得已必须开垦潮间带。自 1920 年,台湾渔民便享有大部分周遭海域的专用渔业权,因此,当海岸地区开始发展工业时,渔获量和工业发展之间便形成了冲突。1994 年滨南工业区开发案的支持者与七股湿地渔民之间的纠纷便是一个例子。再者台湾海洋观光也越来越受欢迎,相形之下,渔民可以使用的港口越来越少。

(二)台湾渔场的修复与管理

针对渔场存在的问题,台湾当局也在渔场管理方面公布了许多有关海洋问题的管理方法,为实现理想的海岸计划和管理成效,也采取了能力建设课程、渔场管理人员的训练和培训等手段。

为修复环境因素造成的渔场,台湾的"海洋事务政策发展规划方案"建议在海洋地区建构人造栖息地,修复珊瑚礁,并人工培育各种健康鱼种,然后释放到海里。修复珊瑚礁不但可以提供优质的生活环境给海洋生物,也可借此维护本土的生态环境。该计划由台湾地区的农业管理部门出资办理,科学管理部门和台湾教育主管部门协助办理。自 20 世纪 70 年代,台湾开始推动人工培育鱼礁,释放鱼种到海里,将渔场资源列为保护区,目的便是为了修复渔场资源。在渔场发展计划下,目前共计 1350000 立方米的人工鱼礁被用于改善渔场环境,69210000 尾鱼苗被释放到海里,而且这些计划一直持续进行中。

台湾的"海洋事务政策发展规划方案"负责在近海渔场与外海渔场倡导海洋保护概念,调整两者的规模,并改善渔场资源管理与评估。为修复渔场资源,2007 年到 2009 年间,台湾渔业管理部门花了 17000 万元台币向 37 个地区的渔民购回近海和外海渔船,以及 301 条渔筏。台湾从自愿关闭的渔场一共购回 7726 条渔船,共花了 10945 万元台币,从指定必须关闭的渔场购回满载 27 条渔船之多的仔鱼,花了 335 万元台币。台湾也主办渔场教育课程的会议,宣传可持续资源的概念,并在渔村主办四健会课程、岛内经济以及渔场事务的课程。

（三）台湾渔业合作组织

台湾的渔业合作组织简称为"渔会"，它是以维护渔业权益、渔民利益为宗旨的民间性渔业自律组织，是当前较为成功有效的渔业管理模式。台湾渔会分为三个等级，现有 39 个区渔会组成，各区渔会设立是以渔区划分为基础，以该区渔民入会为会员。

台湾渔会组织机构健全，设有会员大会、理事会、监事会、理事长、常务监事、总干事等机构和职位。在总干事下分设会务、财务及财务各课，课又分设股，区渔会依据渔业类别或行政区划设置渔民小组。台湾渔会在相应的层级上，都有对应的主管部门对其所经营的业务进行具体的指导和监督。

台湾渔会的主要成效表现在经济、服务和金融三大主要职能的发挥。服务职能包括提供海难救助服务、向渔民提供科技推广培训等服务。金融职能是指向渔民发放贷款、向救助基金提供资金，渔民无须做抵押便可获得贷款。

台湾渔会还有反映渔情、调解纠纷的作用，渔会协助解决渔业困难问题、办理两岸渔业交流、处理两岸渔民海上纠纷等事项。

以台湾东部的花莲区渔会为例，近几年来花莲区的近海渔场生态环境发生了巨大的改变，海洋渔业资源保护工作刻不容缓，花莲区渔会采取多项措施保护东部海域的渔业资源。针对台湾南部、北部大型的围网渔船进入东部海域捕捞渔业资源，导致辖区渔获量、东部海域渔业资源总量逐渐下降等问题，花莲区渔会严禁大型围网渔船在育苗、鱼卵育成期进入东部海域采捕，并联合区域的主管行政部门对本地区的渔业资源总量进行评估，合理控制入海的渔船数量和总吨位数。不仅如此，渔会通过日常的组织活动，宣传渔业资源"全民共享"观念，树立保护渔业资源共识，改变"我保护不一定我受益"的传统观念，广泛动员全体民众共同管理和保护海洋渔业资源。

第三节　日本渔场修复与管理的成功经验

日本国土面积狭窄，山地多，可耕种面积少，是一个资源极度匮乏的国家。另一方面，日本是世界上渔业最发达的国家之一，日本的海洋面积大，专属经济区的面积相当于国土面积的 10 倍以上，这就造成了日本对渔业的严重依赖,对渔业的管理有一套成熟的管理机制。

一、日本渔业管理经验

日本和我国都有以集体主义为行动准则的文化背景,在海域环境和鱼类资源管理方面有着很大的相似性,浙江省制定渔场管理制度时可以参考日本的渔场管理方法。

第一,率先开展海洋牧场建设。直接放流苗种存在着初期损害较大、苗种逃散及幼鱼易被捕获等缺点,放流效果不理想。因此,日本率先在 1971 年提出海洋牧场发展构想,于 1978—1987 年开始在全国范围内推进栽培渔业计划,并建成了世界上第一个海洋牧场——日本黑潮牧场。"海洋牧场"计划即放牧式地开展放流和回捕。主要包括三方面:①音响驯化。目前,日本的音响驯化技术已达到实用阶段。②藻场建设及光导技术。利用优良底质人工培植海藻,同时注重天然藻场的保护和修复,包括政府部门、渔协和渔民都承担了保护、调查、恢复试验等工作。③人工鱼礁。人工鱼礁是栽培渔业发展的基础设施,也是日本海洋牧场的重要组成部分。经过几十年的努力,日本沿岸 20% 的海床已建成人工鱼礁区,年均投入折合人民币近 30 亿元。日本的海洋牧场建设在政策、法规、机构组织、研究、管理、技术和组织实施方面均处于世界领先地位。

第二,健全增殖放流研究实践体系。从 1961 年开始,日本就在全国范围内有组织地开展有关水产增养殖的试验研究,并设立了濑户内海栽培渔业中心,作为国家委托事业承担了苗种生产和放流技术开发的任务,同时参照此模式在各海区、各县设立了不同级别的栽培渔业中心和资源增殖推进协议会,构建了较为完善的增殖放流体系,每年日本增殖放流苗种达到 50 亿单位以上。例如,日本濑户内海年产量长期停滞在 20 多万吨,经过多年增殖放流活动,该海区真鲷、日本对虾等名贵品种的产量得到提升。其中政府起决策管理作用,科研单位起科学指导作用,而渔民既是受益者也是放流具体承担者。另外,日本设立国家水生生物增殖放流节日,即全民性的富海节,从 1980 年至今已连续举办了 30 多届,产生良好的社会反响。

第三,强化渔业资源管理。建有完备的渔业自治管理机构。日本海区渔业调整委员会由渔民代表组成,行使渔业调整、渔场管理等职责。每个都道府县设立 1～2 个海区,每个海区设立海区渔业调整委员会来处理辖区内事务。成立海区委员会和联合海区委员会,可协调处理解决跨海区域特定渔业调整等问题,规定知事在认定渔业权、制定资源保护规定、改变渔业调整等方面需听取海区委员会意见。上述两个委员会在实施渔业调整期间，有权制定渔获采捕限制规定。同时成立渔业协会，渔民们进行充分的交流和协商，共同制定出严格的当地渔业管理规定，其协定内容在获得国家、都道府县认定后才可实施。

加强水域资源保护。通过完善渔业管理等法律法规，组织实施资源恢复计划，严格执行捕捞管理制度，加强综合执法管理等措施，有效保护专属经济区的水域资源，不断提高海洋生态系统的修复。

开展海水养殖和增殖放流。划定海水养殖场地、改良水域环境，提高海水养殖生产及质量，深入开展定向养殖，挑选优良种苗组织生产和增殖放流，实现优质生产，增加海洋渔业资源。

加强渔民培训。经常性组织渔民参加培训，提高其技能水平和管理能力，支持渔民自主减船，发展休闲渔业、养殖渔业，确保渔场合理化利用。

第四，发展休闲渔业和观赏渔业。在渔业的第三产业休闲渔业和观赏渔业方面，日本每年仅出口观赏鱼一项就可获利1.3亿美元。日本有30％的人口爱好钓鱼，日本因此也被称为"钓鱼王国"。

二、日本渔业权制度

日本的渔业权有两大类，即渔业权和入渔权。日本的渔权是指经行政许可在一定期间一定水面从事排他性特定渔业的权利。日本《渔业法》中的入渔业权是指通过与渔业权人设定行为，在渔业权人的共同渔业权或者经营以插桩养殖业、藻类养殖业、下垂式养殖业、小网箱式养殖业和第三种区划渔业中的贝类养殖业为内容的区划渔业权所属的渔场的范围内，经营全部或部分该渔业权的权利。并且只有渔业协同组合及渔业协同组合联合会才有取得入渔权的资格。

根据日本《渔业法》的规定，渔业权的许可程序为：首先，都道府县在对渔场的利用方式进行充分调查研究和技术性研讨的基础上，参考渔民的要求，事先制订好渔场利用计划。即当都道府县知事认为在其管辖的水面上，为了达到渔业综合利用、维持并发展渔业生产力的目的，有必要实施规定渔业权内容的渔业许可标准，且批准该渔业权不会对渔业调整及其他事业带来妨碍时，可对该渔业进行许可。渔场利用计划必须在听取海区渔业调整委员会意见基础上，对渔业种类、渔场位置、渔业时期及其他许可范围内的内容范围内的事项、预定批准日期、申请期限等做出决定。其次，申请者按照该计划申请渔业权许可。最后，都道府县对申请者资格进行审查，按照优先顺序予以批准,经公示后,都道府县知事发给渔业权许可证书。另外,渔业调整或其他公益事业需要时,可以在渔业权进行许可的同时附加限制条件。

日本沿岸渔业通过实行渔业权制度,实现了沿岸渔业的可持续发展,起到了维护各渔区的社会稳定,维护渔民的正当权益,管理沿岸渔业资源的重要作用,使日本沿岸渔业实现了一百多年的可持续发展,避免了走上"伴随着滥渔酷捕,从沿岸渔场到近外海渔场、远洋渔场扩张的道路",对日本渔业的发展有着重要的作用。

第一,完善法律制度。日本的渔业权制度主要是针对沿岸渔场设置的,并且有完善的法律体系做支撑。日本的渔业法中禁止一切出租、让渡,连担保权的设定等也受到严格限制。规定渔业权的存续期限为5~10年,执行渔场计划制度,实施以渔业者或渔业从业者为中心的民主调整机构渔业调整委员会等,这些都是日本沿岸渔场在历经不同历史时期仍能维持渔场秩序井然、渔区社会稳定、渔业资源稳定的原因。

第二,建立渔民自主管理组织。日本的渔业管理是由渔业主管部门、渔业协同组合和渔民三方组成。知事将管理渔业权的权利下放到各级渔业协同组合,渔业协同组合根据渔场利用规划,结合渔业权许可核准的优先顺序,对申请渔业权的协会会员进行考核,考核合格者可以赋予其相应的渔业权,并对渔业权的行使进行监督和管理,即渔业权的实施是以严格的身份认证为前提的,只有渔业协同组合的成员才有资格申请渔业权。由此可见,渔业协同组合在日本渔业权制度中的重要性。

第三,制定渔场利用规划。在日本,渔业权的申请能否被批准的一个重要的因素就是申请内容是否符合渔场利用计划,渔业主管部门在对渔场的利用方式进行充分调查研究和技术性探讨的基础上,参考渔民的要求事先制订好渔场利用计划,使申请者按照该计划申请取得渔业权许可,然后对申请者资格进行审查,按照优先顺序予以批准,不符合渔场利用计划的个别申请不予承认。这样就保证了渔场利用的科学性。

与之相比,我国现行的渔业方面相关的权利制度存在着很多缺陷,未明确渔业权的法律性质,有关权利只有行政法上的依据而无民法上的依据,有关权利内容等方面不明确,缺乏有关权利种类方面的规定,在管理者和渔业生产者之间缺少一个中间组织。因此,我们在完善浙江省的渔业权制度时,应明确渔业权的概念、性质,明确各种渔业权的具体内容、限制、许可的优先顺序的内容。

第四节　韩国渔场修复与管理的成功经验

韩国三面环海,海洋产业占 GDP 的 7%。渔业是韩国国民经济的支柱产业。长期以来,韩国政府高度重视现代渔业的发展。韩国渔业在海洋渔业资源利用空间进一步缩小的背景下积极进行自我目标改革,提出了"从捕捞渔业转向养育渔业"发展战略,实现了"减船转产"目标。韩国渔业围绕"减船转产"目标制定了海洋渔业资源可持续发展的相关法规、实施管理措施。

第一,出台捕捞许可证制度。根据捕捞作业位置、船舶吨位进行分级管理和审批,其中远洋渔业作业单位需国家海洋与渔业部审批下发相应捕捞许可证,近海海域渔业作业向当地政府申请获得许可。捕捞许可证除了对捕捞资格进行认证外,还详细规定了渔具类型、捕捞方法、捕捞周期、许可证有效期限,以统筹管理整个渔业作业捕捞活动,进而减少捕捞行为对可持续渔业产生负面影响。

第二,限制捕捞行为及工具。韩国已限制使用捕捞强度高的捕捞工具,其中包括刺网和陷阱网。同时韩国政府通过制定各种法律法规,对捕捞人员、工具等进行统一的登记和管理,如要求登记渔业作业的渔船拥有者等信息。

第三,打击"三无"渔船。"三无"渔船具体指不报名、非法捕捞的渔船,其在全球范围内普遍存在,并对可持续渔业发展带来极为不利影响。韩国政府通过不断完善法律体系,有效防止"三无"渔船捕捞,其中对捕捞许可证各项内容进行复核,对不符合许可证情形或未取得许可证的渔船从事捕捞作业的,处以 3 年关押和 200 万～2000 万韩元的罚款。

第四,实施渔业资源增殖。海洋渔业方面,韩国提出可持续发展渔业。具体政策分为以下四个方面:

其一,海洋捕捞方面,稳定海洋捕捞业。

其二,渔业养殖方面,重点发展海洋渔业养殖业。提出渔业发展思路是由"捕捞型"向"资源管理和养殖型"转变,采用对环境无害的高新技术建设海洋牧场,增强海洋渔业增殖养殖。

韩国采取一系列措施实施渔业资源增殖,如打造海洋生物种类的人造栖息地"人工鱼礁项目"、优质苗种培育和放流、建设海洋牧场等。

海洋牧场建设方面:2007 年,韩国第一个大规模海洋牧场在庆尚道统营市海域内竣工。自 1988 年开始在统营山阳邑三德里和美南里一带的海面上建设海洋牧场,所投入的国家经费共计 240 亿韩元,其中研究费用 130 亿韩元,设施费用 110 亿韩元。此后,韩国把建设统营海洋牧场的经验推广到其他地区,根据各地海域区位优势,规划建设了各具特色的海洋牧场。如在济州岛一带建立"贝类专门牧场"和"体验水中生活型的海洋牧场";在西海岸建设"滩涂型牧场";在东海岸建立"观光型海洋牧场",把建立"海洋牧场"与旅游业结合在一起,以谋求更大的经济效益。

其三,发展远洋渔业。通过给远洋渔业企业提供低息贷款、更换船只、国际合作、建立渔场信息管理系统振兴远洋渔业,提高渔业竞争力,通过与其他国家的合作,开辟多样化的远洋渔场。韩国大力发展远洋捕捞技术,扩充远洋捕捞船队。韩国政府执行为期 10 年的振兴远洋渔业的中长期计划,从 2004 年到 2013 年 10 年间,投资 5000 亿韩元发展海洋渔业,增强韩国远洋渔业的竞争力(见表 9-1)。

表 9-1 2004—2013 韩国发展远洋渔业资金

(单位:亿韩元)

项目	低息融资	更换老旧船只	调整远洋渔业结构	远洋渔场渔业资源调查	国际渔业合作	构筑渔场信息管理系统
金额	2734	1200	624	327	82	20

其四,关注渔村渔民生存条件改善。改善现有条件,激励城市化向渔村的回归。

第五节 挪威渔场修复与管理的经验

1946 年,挪威成为世界上首个建立渔业部并进行大规模渔业养殖的国家。据联合国粮食及农业组织估计,挪威 2009 年渔业总产量达到 349 万吨,其中捕捞产量为 252 万吨,水产养殖产量为 97 万吨。挪威是世界上最大的海产品出口国之一,向全球 150 多个国家(地区)出口海产品,2010 年海产品出口总值达到 90 亿美元。长期以来,挪威充分利用本国沿岸富饶的渔业资源,开发高效率的渔业自动化设备,发展完整的渔业资源评估,实施渔业资源保护措施和管理制度,使该国的渔业资源稳定而持续利用。

第一,大力推动技术进步带动产业发展。挪威自主开发生产了一系列水产养殖设备,包括繁育、网箱及培育系统、检测设备等,其中封闭循环水养殖和大型深海网箱等技术,以及鱼苗孵化、培育、遗传学,鱼类健康等研究均居世界领先水平。良好的生态环境、先进的病害防治措施,规模化的生产等创造了良好的养殖效益。

第二,通过科技进步降低养殖成本。近10年,挪威渔业养殖成本从53挪威克郎/千克下降到16挪威克郎/千克。成本降低基于两方面原因:一是运用循环水系统进行工厂化养殖,其工业化水产养殖技术不断向高新化方向发展,养殖工厂向大型、特大型、超大型发展。例如,挪威海水养殖公司于2001—2004年建造了总面积达18500平方米的养鱼工厂,年产可达5000~6000吨,是当时世界上最大的现代化海水养鱼工厂。其工厂化水产养殖已基本进入全封闭循环"零"排放标准阶段,养殖用水循环利用率达90%以上,年单产量最高达200~500千克/平方米。二是网箱养殖的高端发展,运用多种手段提高网箱养殖效益。其特点是:①网箱升级,小网箱变大网箱,近岸网箱变离岸网箱;②计算机辅助信息系统,借助因特网技术,把鱼苗场等相关部门连接在一起,使信息传递及时有效;③生物量控制,采用红外线检测和立体照相等生物测量技术使用网箱养殖密度保持最佳;④基因工程,运用基因工程技术增加产量,提高品质,增强对疾病的抵抗力;⑤环境控制,即通过科学投饵控制网箱水体质量。

第三,网箱养殖技术世界领先。挪威网箱养殖年产值达30亿美元,每年5%的产值用于开发研究。最近20年,挪威网箱体积每5年迈一大步,尤其是深海网箱研制最为领先,配套设备最为齐全,从20年前的541立方米增加到目前的10000立方米左右,最新研制了体积12000立方米的网箱。而且网箱形式多种多样,材料轻,抗风浪,抗老化能力强,安装方便,能承受波高12米的巨浪。通过增加网箱生物量和网箱外移,提高饵料控制自动化程度来提高养殖产量。

第四,加强国际合作。在渔业资源方面,与他国合作,实现信息共享,共同管理海洋渔业。在海洋渔业理论及技术研究方面,开展与其他国家科研机构的交流合作,加快科研进程。在资金投入上,与国际组织、公募私募基金、企业合作,获取更多的资金来源。在渔业捕捞养殖上,与印度签订合作协议,帮助印度发展海水养殖,以使印度水产品符合欧盟标准,在渔业配额上,经常与周边国家定期会晤,共同协定捕捞额度。

第六节　国内外渔场修复与管理经验启示

日本、韩国和挪威等国家的渔场在发展过程中都有一些共同的特点值得我们借鉴。

一、渔民自我管理的组织体系较为完整

第一，渔民完全自愿。渔业合作组织的成立、职能、经营等所有内容都由渔民进行相互协调、交流来达成一致意见，而渔民是否加入合作组织也由渔民根据自己意愿和需要来自行决定，不会受到外界的干扰和支配。加入渔业合作组织并不会改变渔民所有的生产资料性质，其组织成员依然是独立的经济主体，自主经营、自负盈亏，渔业合作组织开展指导、服务其成员的渔业生产活动，双方是平等的关系。

第二，与政府密切相关。从国内外的经验来看，在渔业合作组织的成立之初，并没有政府的行为干预，大都由渔民在长期渔业生产活动中自发组织成立，它将分散的个体渔民组织起来，保护他们在渔业生产活动中的经济利益。后来伴随着渔业生产活动规模的逐渐扩大，渔民各项需求显得更为复杂和多样，合作组织的职能也随之逐渐扩展。规模扩大后，政府部门开始关注这种自治性质的组织，要不采取监督、合作的方式，要不通过行政手段来赋予其一定的权限和责任，由此实现政府对渔业活动的有效管理，此举可节约大量的政府行政资源，并切实提高了海洋渔业资源管理的效率。

第三，组织内部科学化管理程度高。政府制定出台相关的政策规定、组织规章来为渔业合作组织的正常运行提供法律基础，它的职能和权力都可以通过法律规章来进行明确，能够保障组织的高效率经营，它们有健全的组织机构，上下级之间的等级划分清晰，即便是同级职能部门之间的职责权限也进行了明确界定，由此来保证渔业合作组织的运转效率，更好地管理渔业活动相关事务。

第四，能切实保障渔民利益，有效约束渔民行为。渔业合作组织为当地渔民在渔业生产活动中所产生的矛盾、冲突解决创造了一个良好的沟通、交流平台。在渔业合作组织中，渔民们能准确反映其自身利益诉求，并可以公平地获得海洋渔业资源分配。

二、渔业资源管理措施较为严密

从国内外渔业修复和管理经验可以发现,它们在海洋渔业资源管理上的具体举措相当周全,执行也相当严格,且取得了明显成效。如韩国很早就实行了捕捞许可证制度,详细规定了渔具类型、捕捞方法、捕捞周期、许可证有效期限、捕捞区域等具体细则,努力减少对渔业可持续发展的影响。又如挪威根据某种鱼的限额来最终确定每条渔船的捕捞数额,并按船体大小来进行不定期的抽查。

从国内外经验来看,促进渔业稳定发展,水产品产量持续增长,关键是切实维护好海洋生态环境。一方面,需要科学规划海域使用,使海域开发利用合理有序,保证现有渔业生产线和水域,减轻倾废、石油开采、港口建设等用海项目对海洋生态环境的消极影响;另一方面,要加大增殖放流力度,推动海洋牧场建设,进行海底藻场修复等工作,保障海洋生物资源可持续利用。从当前浙江省渔业发展前沿动态来看,应将增殖放流、人工鱼礁投放等进行科学有效地结合,使之成为海洋牧场的有机组成部分。我们可以参照韩国海洋牧场发展模式,根据海域水温、气象、地质,以及沿岸人文条件,建设各具特色的海洋牧场,推动浙江省海洋牧场从投石造礁、底播增殖的初级形态进入到集生态环境修复、生态资源养护、海产品生产、旅游观光等功能为一体的高级阶段。

三、渔业科技投入力度较大

从挪威的海水养殖业来看,科学技术的进步直接推动了渔业产业发展。尤其是封闭循环水养殖系统,深海抗风浪大型网箱技术等技术含量较高的养殖新手段,在解决浙江省海水养殖产业发展所面临的环境制约和饲料成本等一系列问题上潜力巨大,有希望成为解决养殖业与环境和谐问题的主要举措。鉴于此,积极引进世界先进养殖技术是快速推进海水养殖业发展的捷径之一。

借鉴国外经验,浙江省在保持现有滩涂、池塘等养殖模式基础上,实施海陆并进战略,即在陆上提高工厂化养殖比例,尤其是封闭式循环水养殖方式,在海上加大大型抗风浪网箱规模,培育高经济价值养殖种类。通过加大科技投入,增加技术含量,提高渔业产出效益。

四、非常重视渔业教育投入

国外非常重视渔业教育投入。由于浙江省在执行能力建设、教育与训练方面仍然存在不足,所以渔民无法了解政府政策,甚至还会抗拒政策落实。还有很多住在海洋保护区的当地居民并不知道他们的居住地属于保护区,更不用说遵守保护区应有的法律规范了。再者,渔民为了生计也总会反对设立保护区。以宁波市为例,2014年宁波市本级财政海洋与渔业局专项资金预算安排中,渔业教育投入专项很少,只涉及安全培训和技术推广(见表9-2)。

表 9-2 宁波市海洋与渔业局关于海洋渔业专项资金预算安排

(单位:万元)

海洋渔业专项	2013 年预算	2014 年预算	主要内容
渔港建设	350	200	渔港、避风锚地建设
海洋开发保护	300	100	海域资源管理、污染防治、资源调查、海洋环境监测等
标准鱼塘改造	800	800	池塘标准化改造、改善养殖环境、抵御抗风险能力
渔业产业	1250	100	三大主导产品提升、设施渔业等
渔业安全	500	400	渔船安全建设、渔民安全培训
渔业科技	150	100	先进适用技术研究引进、推广等
水产品质量	150	150	市、县水产品质量安全监测、监管
海洋渔业专项总额	1850	3500	推进现代渔业发展、优化渔业产业结构;提高渔业产品质量安全;科学规划海洋资源空间、加强海域海岛保护和开发、强化海洋环境监督

国外的经验告诉我们,如何让渔民了解设立海洋保护区的功能,了解可持续发展的概念和渔场资源保护的理念,以及如何引导与协助社区持续透过教育与宣传手段来公共管理海洋保护区比设立有关机关来管理渔民还要重要。

五、实施"转产转业"战略,发展渔业休闲旅游

宁波的渔村旅游资源丰富,但是,与国外的渔村相比宁波的渔村旅游在开发和服务等环节还存在一定的差距。休闲渔业是近几年发展起来的一项独具特色的海洋旅游项目,在我国具有广阔的发展空间,不仅可以创造巨大的经济效益,而且会吸引大量的劳动力就业,特别适合于沿海渔民转产转业。据资料显示,美国每年约有 3520 万成年钓客,在休闲渔业上的花费达378 亿美元。近几年,部分沿海省市大力发展休闲渔业,不仅创造了可观的经济效益,而且成功地实现了部分渔民的转产转业。

近年来,我国深圳、广州等城市的休闲渔业亦走在前列。由于受到渔业资源衰退的影响,渔民面临着转产、转业、再就业的问题。发展休闲渔业旅游不仅对养护渔业资源、保护生态有好处，而且还可以创造就业机会，为海岛地区渔民的生产、生活带来极大好处。

根据国内外渔业休闲旅游发展经验，渔村休闲旅游产品可以从体育型、休养型、文化型、生态型、渔业旅游、渔家乐、休闲渔业等方面进行开发和分析。

体育型渔村旅游是指体育产业与旅游渔村融合发展。随着世界旅游的发展和休闲时代的到来，体育旅游已逐渐成为一种时尚。而作为体育旅游重要组成部分的海洋体育旅游则更为受人瞩目。世界知名海洋渔村丰富多彩的体育专项活动使渔村充满了活力，增强了旅游吸引力。观光、沙滩浴、海水浴、潜水、帆船帆板、游艇、冲浪、沙滩排球、空中悬挂滑翔机等都属于体育型渔村旅游活动。

休养型渔村旅游包括海水浴场、海上垂钓。海水浴场是指在沿岸海滩上建成的，可进行游泳、日光浴和各种海上运动的场所。而海上垂钓，是世界上钓鱼爱好者的主要垂钓方式，尤以海岸线长的一些工业发达国家最为盛行。

文化型渔村旅游是指依托海洋文化发展而来的渔村旅游。而海洋民俗、海洋考古、海洋信仰、与海洋有关的人文景观等都属于海洋文化的范畴，因此文化型渔村旅游已发展成为人们了解海洋文化的重要途径之一。

生态型渔村旅游以海洋渔村生态环境可持续发展为核心，让海洋渔村旅游开发与环境保护协调发展，在保护渔村资源的基础上进行旅游开发，不盲目发展。

海洋渔业生态科普之旅。海洋渔业环境与人类的生存和发展紧密相关。海洋研究对人类未来的重要性比人们目前重要得多。海岸地貌形成和海洋科学知识均可作为海洋生态科普之旅的环境教育和科普教育内容。此外，还可以加强与学校合作，对青少年学生进行海洋生态科普知识和环境保护知识的教育，对高校学生进行海洋科学课题研究的教育等。海洋渔业生态旅游需要融合相应的旅游活动，比如调研、海上观察、游戏、知识竞赛等，能够让人们在欣赏大海美的同时，动态地了解海洋渔业环境的特征、海洋现象的科学解密等，了解大海对于人类的重要性，萌生爱护大自然、爱护大海的情愫。

海洋渔业生态文化旅游。生态文化是一种体现人与自然和谐的文化，对生态旅游资源的开发，生态旅游开展，生态环境保护及生态文明的普及有着深刻的意义。由于旅游需求与旅游供给之间复杂的相互关系是建立在人们的感知、期望、态度和价值观念动态变化的基础上的，因而随着人们文化程度与生活水平的提高，人们的旅游需求也向更丰富的高层次发展。海洋渔业生态旅游呈现出了艺术的沙龙和不同文化的交汇，也展现了海洋渔业文化崇尚自由的天性,开放、兼容、开拓和原创。

渔业风情旅游以渔业活动为基础,除了渔村渔业景观,还可以包含现代化城市中的城市渔业景观。渔村旅游的内涵比渔业旅游更丰富,其内容除包括渔业产业活动外,还包含渔村风貌和渔俗风情。

"渔家乐"是以渔家庭院或渔船为单位,利用自家自然条件和民俗,吸引城市游客前来休闲和娱乐的经营活动。并非所有的渔家乐都是严格意义上的"渔村",它们在形式上可以是"城市"的。

休闲渔业的含义相对狭窄,在美国和西方国家被称为娱乐渔业或运动渔业,以区别于商业捕鱼行为,它不包括渔村风情旅游的内容。国内学者大多认为渔村旅游和休闲渔业是对同一事物的不同提法,同时指出,渔村旅游趋向于从旅游的角度开发渔村地域,休闲渔业则更注重将休闲活动引入传统的渔业生产中,而"渔家乐"既是渔村旅游的一种形式,也是休闲渔业开展的项目之一。

根据渔村旅游类型,渔村旅游产品的具体内容如表9-3所示。根据具体内容,旅游产品开发的方向和所构成的设施应该因地制宜进行设计。

表 9-3　渔村旅游内容

渔村类型	旅游类型	滞留时间	旺季	住宿设施	备注
海产品买卖/美食型	美食型	当天	四季	/	渔港
海上垂钓型	游玩型	当天至1天1夜	四季	远距离游客需要住宿	渔港
海水浴型	游玩型	2天以上	夏季	需要住宿	优质海滩
生态体验型	观览型	半天至1天1夜	四季	/	沙滩、候鸟地、养殖场
海洋体育型	游乐型游玩型	1—2天	春季、夏季、秋季	需要住宿	海洋体育适合地
渔村景观/休养型	观览型	特定时期或四季	/	需要住宿	日出/日落、海水分离
渔村历史文化型	观览型	当天至1天1夜	四季或特定时期	需要住宿	历史遗址、庆典

主要参考文献

BEADRY C, SWANN P, 2001. Growth in industrial cluster: a bird's eye view of the United Kingdom [M]. SIEPR Discussion Paper, No. 00-38.

BLLIANA C, 1993. Sustainable development and integrate coastal management [J]. Ocean & coastal management, 21 (1-3): 11-43.

BRADSHAW A D, CHADWICK M J. The restoration of land: the ecology and reclamation of derelict and degraded land [M]. Oakland: University of California Press.

BROWN T E, 2001. An operationalization of stevenson's conceptualization of entrepreneurship, as opportunity-based firm behavior [J]. Strategic management journal, 22 (10): 953-968.

BRUCKMEIER K, LARSEN C H, 2008. Swedish coastal fisheries-from conflict mitigation to participatory management. Marine policy, 32 (2): 201-211.

CAIRNS J, 1980. The recovery process in damaged ecosystems [M]. Ann Arbor: Ann Arbor Science Publishers.

CHRISTY F T JR, 1969. Session summary: fisheries goals and the rights of property [J]. Transactions of the american fisheries society, 98 (2): 369-378.

COCHRANE K L, 2002. The use of scientific information in the design of management strategies: management measures and their application [A]. Fisheries technical paper [C]. Rome: FAO Fisheries Department.

COLGAN C S, ADKINS J, 2006. Hurricane damage to the ocean economy in the U. S. Gulf region in 2005 [J]. Monthly labor review, (8): 76-78.

COLGAN C S, 2007. Measurement of the ocean and coastal economy: theory and methods [M]. Monterey: National Ocean Economies Program.

DOUVERE F, MAES F, VANHULLE A, SCHRIJVERS J, 2007. The role of marine spatial planning in sea use management: the Belgian case [J]. Marine policy, 31(2): 182-191.

FARRELL M, 2004. Regional integration and cohesion-lessons from Spaniard Ireland in the EU [J]. Journal of Asian economics, 14(6): 927-946.

GEZELIUS S S, 2008. Making fisheries management work [J]. Springer Netherlands, 8(R-3): 77-104.

HALL C M, 2001. Trends in ocean and coastal tourism: the end of the last frontier [J]. Ocean & coastal management, 44(9-10): 601-618.

HAWKINS D E, 2004. A protected areas ecotourism competitive cluster approach to catalysis biodiversity conservation and economic growth in Bulgaria [J]. Journal of sustainable tourism, 12(3): 219-244.

HENTRICH S, SALOMON M. Flexible management of fishing rights and a sustainable fisheries industry in Europe [J]. Marine policy, 30(6): 712-720.

JIN D, HOAGLAND P, DALTON T M, 2003. Linking economics and ecological models for marine ecosystem [J]. Ecological economics, 46 (3): 367-385.

KUMARI A K 2007, An introduction to marine pollution [R]. Bengaluru: GMR Infrastructure Ltd, EPC Division.

KWAK S J, YOO S H, CHANG J I, 2005. The role of the maritime industry in the Korean national economy: an input-output analysis [J]. Marine policy, 29(4): 371-383.

MORGAN R, 1999. Some factors affecting coastal landscape aesthetic quality assessment [J]. Landscape research, 24(2): 167-184.

MU Y, 2002. A study on institutional arrangements for quota-based management: the case of China's marine capture fisheries [D]. Busan: Pukyong National University.

NORDIN S, 2003. Tourism clustering & innovation-paths to economic growth & development [M]. Östersund: ETOUR.

NOVELLI M, Schmitz B, Spencer T, 2005. Networks, clusters and innovation in tourism: a UK Experience [J]. Tourism management, 27 (6): 1141-1152.

PARK C S, 2000. Three essays in marxian economics: a study of marxian theory of competition and dynamics[D]. New York: New School for Social Research.

PHILOMENE V, 1994. The Role of Public Health in Coastal Management [D], Chicago: University of Chicago.

PINKERTON E, EDWARDS D N, 2009. The elephant in the room: the hidden costs of leasing individual transferable fishing quotas [J]. Marine policy, 33(4): 707-713.

PONTECORVO G, WILKINSON M, ANDERSON R, HOLDOWKSY M, 1980. Contribution of the ocean sector to United States economy [J]. Science, 208(4447): 1000-1006.

PUTH L M, 2002. Complexity and stability in small aquatic systems [D]. Madison: The University of Wisconsin.

RIMMER P J, 1967. The changing status of New Zealand seaports, 1853—1960 [J]. Annals of the association of American geographers, 57 (1): 88-100.

SALM R V, CLARK J R, 2000. Marine and coastal protected areas: a guide for planners and managers [M]. Washing DC: IUCN.

SANCHIRICO J N, HOLLAND D, QUIGLEY K, FINA M, 2006. Catch-Quota Balancing in Multispecies Individual Fishing Quotas [J]. Marine Policy, 30(6) :767-785.

SEGAL A, THUN E, 2001. Thinking globally, acting locally: local governments, industrial sectors, and development in China [J]. Politics & society, 29(4): 557-558.

SHIELDS Y, CONNOR J O, 2005. Implementing integrated oceans management: Australia's south east regional marine plan and Canada's eastern Scotia shelf integrated management initiative [J]. Marine Policy, 229(5): 391-405.

THE ALLEN CONSULTING GROUP，2004. The Economic Contribution of Australia's Marine industries：Report to The National Oceans Office［R］. The Allen Consulting Group Ltd.

VERDOORN P J，1960. The intra-bloc trade of benelux［C］// ROBINSON E A G. Economic consequences of the size of nations. New York：ST. Martin's Press.

WEBER M L，2001. Markets for water rights under environmental constraints［J］. Journal of environmental economics and management，42 (1)：53-64.

YOUNG M D，1995. The Design of Fishing-Right Systems：the New South Wales Experience[J]. Ocean & coastal management，28(1-3)：54-61.

［古罗马］查士丁尼，1989. 法学总论［M］. 张企泰，译. 北京：商务印书馆.

［美］埃里克·弗鲁博顿，［德］鲁道夫·芮切特，2006. 新制度经济学：一个交易费用分析范式[M]. 姜建强，罗长远，译. 上海：上海人民出版社.

［美］曼昆，2009. 经济学原理[M]. 梁小民，梁砾，译. 北京：北京大学出版社.

［日］北川善太郎，1995. 日本民法体系[M]. 李毅多，仇京春，译. 北京：科学出版社.

安海燕，王自堃，2016. 2015 海洋执法十大新闻［N］. 中国海洋报，2016-01-08(4).

本刊，2015. 财政部、农业部联合部署渔业油价补贴政策调整工作[J]. 中国水产 (8)：4.

毕建国，2010. 中国现阶段渔业补贴问题研究［D］. 青岛：中国海洋大学.

毕建国等，2008. 我国海洋渔业生态环境污染及治理对策[J]. 中国渔业经济 (2)：16-21.

郏绍倩，2003. 我国渔业劳动力城镇化迁移问题的研究[J]. 上海水产大学学报 (9)：278.

蔡云川，冼凤英，姜志勇，等，2009. 加强广东近岸海洋生态系统修复技术的研究[J]. 中国水产 (8)：24-25.

曹明德，黄锡生，2004. 环境资源法[M]. 北京：中信出版社.

曹宁元. 浙江岱山七大举措保护海洋和海岛生态环境［N］. 中国海洋

报,2005-7-15(002).

曹宇峰,孙霞,于灏,等,2014. 浅谈渤海海洋环境污染治理及保护对策[J]. 海洋开发与管理,31(1):104-108.

陈波,贺永华,2017. 决定助力,重振"东海鱼仓"[J]. 浙江人大,2017(1),28-30.

陈东景,李培英,杜军,等,2006 基于生态足迹和人文发展指数的可持续发展评价——以我国海洋渔业资源利用为例[J]. 中国软科学,2006(5):96-103.

陈刚,陈卫忠,2002. 对美国渔业管理模式的初步探讨[J]. 上海水产大学学报(3):237-241.

陈静娜,伍应燕,2011. 浙江渔业经济可持续发展的资源基础研究[J]. 海洋开发与管理(3):99-101.

陈静娜,殷文伟,2009. 浅析浙江省渔业补贴政策存在的问题及对策[J]. 海洋开发与管理 26(1).

陈静娜,俞存根,2015. 我国沿岸渔场渔业管理困境与对策研究[J]. 水产学报(8):1250-1255.

陈莉莉,景栋,2011. 海洋生态环境治理中的府际协调研究——以长三角为例[J]. 浙江海洋学院学报(人文社科版)(2):1-5.

陈蜜,陈攀,蔡西栗,2014."三无"渔船拆成废铁?不,留海底变身人工鱼礁[EB/OL]. (2014-11-26)[2017-04-11]. http://news.66wz.com/system/2014/11/26/104282965.shtml.

陈佩章,陈灵敏,2015. 涉渔"三无"船舶渔民转产转业的思考[J]. 浙江经济(13):49-49.

陈绍军,赵曦,王磊,2013. 失海渔民安置方式探讨[J]. 水利经济 31(5):63-65.

陈童临,2016. 消失的渔场[J]. 地理教学,(12):56-57.

陈艳,文艳,2006. 海域资源产权的流转机制探讨[J]. 海洋开发与管理,23(1):61-64.

陈自强,2009. 国外渔业专业合作经济组织的发展现状和经验借鉴[A]. //中国海洋论坛组委会,韩立民. 2009 中国海洋论坛论文集[C]. 青岛:中国海洋大学出版社.

储永萍,蒙少东,2009. 发达国家海洋经济发展战略及对中国的启示[J]. 湖南农业科学(8):154-157.

崔彩霞，魏爱泓，徐虹，等，2007. 江苏省海洋环境现状与保护措施[J]. 海洋环境科学年增刊：103-104.

崔建远，2012. 准物权研究[M]. 北京：法律出版社.

戴瑛，2014. 论跨区域海洋环境治理的协作与合作[J]. 经济研究导刊(7)：109-110.

邓冰，俞曦，吴必虎，2004. 旅游产业的集聚及其影响因素初探[J]. 桂林旅游高等专科学校学报(12)：53-57.

邓启明，孙仁兰，张秋芳，2012. 国家海洋经济发展示范区建设中的国际合作问题研究——以宁波市核心示范区为例[J]. 宁波大学学报，25(2)：101-105.

董成惠，杨柳，2015. 构建渔民社会保障体系的探讨[J]. 渔业信息与战略(11)：252-259.

董文涛，2014. 海洋生态环境及治理对策[J]. 中国科技信息(17)：60-61.

董晓清，2013. 沿海开发背景下失海渔民可持续生计的困境与构建路径——以江苏省沿海开发为例[J]. 江西农业学报(3)：127-130.

钭晓东，2011. 区域海洋环境的法律治理问题研究[J]. 太平洋学报，19(1)：43-53.

樊启文，2005. 解决"船证不符"问题的举措[J]. 武汉船舶职业技术学院学报(4)：44.

樊旭兵，2009. 加拿大渔业管理经验及借鉴意义[J]. 中国水产(11)：78-79.

冯倩宇，2011. 中国区域经济政策与舟山群岛新区的建设[J]. 知识经济(24)：82-82.

傅广宛，茹媛媛，孔凡宏. 海洋渔业环境污染的合作治理研究——以长三角为例[J]. 行政论坛，2014(1)：72-76.

傅晓，2012. 宁波海洋经济：阶段特征，比较优势和发展模式[J]. 宁波通讯(3)：35-36.

高维新，滕达，2013. 完善我国渔业立法的建议[J]. 河北渔业(7)：50-53.

耿爱生，同春芬，2012. 海洋渔业转型框架下的海洋渔民转型问题研究[J]. 安徽农业科学，40(10)：6199-6201.

耿相魁，王兴阳，2016. 构筑舟山渔场常态化治理机制研究[J]. 浙江海洋学院学报(人文科学版),33(3):27-31.

巩固,2010."生态系统方法"与海洋环境保护法创新——以渤海治理为例[J].中国海洋法学评论(1):219-266.

顾湘,2013.海洋环境污染治理府际协调研究:困境、逻辑、出路[J].上海行政学院学报(2):105-111.

桂静,2006.海域使用权物权保护研究[J].海洋法苑,19(6):22-27.

郭海成,2013.中外渔业许可制度比较研究[D].舟山:浙江海洋大学.

郭毅,2010.卫星导航通信信息化对渔业经济和管理的作用[J].中国渔业经济(3):39-41.

国家海洋局海域管理司,2001.国外海洋管理法规选编[M].北京:海洋出版社.

国家海洋信息中心研究报告,2000.外国海域使用管理法律制度[R].北京:海洋出版社.

韩立民,王金环,2013."蓝色粮仓"空间拓展策略选择及其保障措施[J].中国渔业经济(2):53-58.

韩立民.相明,2012.国外"蓝色粮仓"建设的经验借鉴[J].中国海洋大学学报(2):45-49.

韩立民,陈自强,2009.平安渔业建设中渔区社会保障体系建设研究[J].中国渔业经济,27(1):98-103.

韩文顺,2004.海洋环境对渔业的影响及治理对策[J].中国水产(5):30-31.

韩宇召,2014.我国海洋行政执法合力形成的问题和对策研究[D].青岛:中国海洋大学.

贺金昌,2003.舟山渔民转产转业的难点及途径分析[J].浙江渔业(6):11-16.

侯晓静,2012.我国传统海洋优势产业发展战略及国际借鉴[D].中国海洋大学.

胡波华,池弘福,王伟军,2003.浙江省远洋渔业职务船员培训工作的探讨[J].浙江海洋学院学报(自然科学版),22(3):240-243.

胡芬,袁俊,2006.区域旅游产业生态集群的内在机理与培育策略[J].世界地理研究(2):65-73.

胡嘉汉,2001.宁波海洋经济资源可持续开发目标保证体系探究[J].浙江万里学院学报,14(3):26-29.

胡学东，2008. 我国渔船管理中存在的问题及其解决途径[J]. 中国渔业经济，26(5)：5-11.

胡学东，2013. 公海生物资源管理制度研究[D]. 青岛：中国海洋大学.

胡学东，王冠钰，2013. 哈丁定律与渔业资源养护与管理探讨[J]. 中国渔业经济 (3)：84-89.

黄丹丽，朱坚真，2013. 浅析海洋功能区划、海洋开发规划与海域使用管理[J]. 发展研究 (12)：61-64.

黄剑跃，2010. 宁波 10 年之内将建 6 个海洋牧场养殖海鲜发展渔业[N]. 宁波晚报，2010-06-22(003).

黄敏辉，宋炳林，2012. 美国海洋经济发展对宁波的启示[J]. 三江论坛 (7)：20-22.

黄晓琛，2012，浙江省海域使用调查与研究[M]. 北京：海洋出版社.

黄银凤，2010. 舟山多举措改善海洋环境[N]. 中国渔业报，2010-08-09(5).

季海忠，2013. 信访群体的社会工作介入研究——基于温州市的调查[D]. 武汉：华中农业大学.

冀萌萌，2016. 振兴浙江渔场面临的若干问题与对策研究[D]. 舟山：浙江海洋大学.

江文辉，2015. 我市启动"船证不符"渔船整治[N]. 温岭日报，2015-08-10(4).

姜地忠，2012. 中国近海污染防治中的环境非政府组织参与[J]. 经济研究导刊 (28)：119-122.

蒋周宏. 浙江省晒"一打三整治"行动一周年成绩[EB/OL]. (2015-06-09) [2017-04-11].

金普庆，张颖超，罗骞，2012. 渔业补贴政策的制定完善与海洋经济发展——以浙江舟山为例[J]. 经济研究导刊 (3)：160-162.

金普庆等. 渔业补贴政策制定完善与海洋经济发展[J]. 经济研究导报，2012(3).

K. White，2010. 加拿大海洋经济与海洋产业研究[J]. 朱凌，宋维玲，译. 经济资料译丛 (1)：73-103.

孙宪忠，2006. 中国渔业权研究[M]. 北京：法律出版社.

冷传慧，李强，李芳芳，2010. 战后日本渔业转型期的渔船管理[J]. 中国渔业经济 (6)：79-85.

李富荣，2009．明确现代渔业管理目标加快推进我国现代渔业发展[J]．中国水产（11）：3-6．

李焕军，1996．资源保护应从生产和市场两环节抓[J]．海洋渔业（7）：43-44．

李健，王铮，史浩，等，2015．海洋环境突发事件的大数据协同治理体系研究[J]．海洋环境科学，34(6)：949-953．

李良才，2009．我国海洋渔业资源养护与管理的法律对策[J]．中国水产（11）：25-26．

李娜，2014．舟山市海洋渔业资源管理研究[D]．大连：大连海事大学．

李赛忠，2015．温州市涉渔"三无"船舶整治研究[D]．福州：福建农林大学．

李婉，2009．我国海域中的渔业权研究[D]．呼和浩特：内蒙古大学．

李文超，2010．公众参与海洋环境治理的能力建设研究[D]．青岛：中国海洋大学．

刘风非，2002．个体群众渔船应走组织化发展的路子[J]．中国渔业经济（1）：52-53．

刘桂茂，陈楚荣，2000．海洋资源渔业管理任重道远[J]．中国水产（9）：66-67．

刘洪滨，刘振，王青，2013．中国海洋战略构建探析[J]．科技促进发展（5）：51-56．

刘洪滨，孙丽，齐俊婷，等，2007．中韩两国海洋渔业管理政策的比较研究[J]．太平洋学报（12）：69-77．

刘惠明，2004．日本的渔业权制度及对我国的启示[J]．河海大学学报（3）：28-29．

刘佳英，黄硕琳，2005．欧盟的渔业政策与渔业管理．中国水产（4）：29-31．

刘克岚，黄硕琳，2000．我国渔业政策与渔业管理问题的探讨[J]．上海水产学院学报（8）：169-170．

陈静娜，俞存根，2015．失海渔民再就业困境与出路探讨——基于舟山市的调研[J]．农村经济与科学（2）：146-149．

刘乃忠，2015．跨区域海洋环境治理的法律论证维度[J]．经济与法（12）：215-216．

刘仕海，2009．谈法制建设在河北省渔船管理工作中的作用[J]．河北

渔业 (1):5-9.

刘舜斌,2006. 渔业权研究[J]. 中国海洋大学学报(社会科学版)(4):6-9.

刘舜斌,2009. 完善我国渔业双控制度的思考[J]. 中国水产 (7):24-25.

刘炜宝,2014.生态文明目标下海洋环境污染治理对策研究[D]. 青岛:中国海洋大学.

刘文宏,高瑞钟,2012. 台湾海洋与海岸管理:海岸带综合管理原则观点[J]. 中国海洋法学评论 (1):174-222.

刘向东,朱华潭,吴祥明,等,2005. 对渔船船东实施法人化管理的调查报告[J]. 中国渔业经济 (3):43-45.

刘新山,刘国栋,1999. 渔船管理的问题和对策[J]. 中国水产 (4):55-56.

刘雨业,2009.基于渔业权的渔民社会保险制度研究[D]. 上海:上海交通大学.

楼朝明,1999. 宁波市海洋资源开发的可持续发展之路[J]. 宁波经济 (3):19-20.

卢剑峰,2015.“一打三整治”专项行动中渔民社会保障的政策研究[J]. 浙江万里学院学报 (5):1-4.

卢宁,韩立民,2007. 论渔业可持续发展的产权制度建设[J]. 中国渔业经济 (4):24-26.

陆立军,杨海军,2005. 海洋经济强省:浙江的发展选择——对浙江“十一五”海洋经济发展的几点建议[J]. 浙江经济 (12):40-42.

陆立军,杨海军,2005. 海洋宁波:海洋经济强市建设研究[M]. 北京:中国经济出版社.

罗玲云,2013.我国海洋环境治理中环保 NGO 的政策参与研究[D]. 青岛:中国海洋大学.

吕建华,2004. 论法制化海洋行政管理[J]. 海洋开发与管理 (3):25-29.

吕建华,高娜,2012. 整体性治理对我国海洋环境管理体制改革的启示[J]. 中国行政管理 (5):19-22.

马进,2015. 特别敏感海域制度研究——兼论全球海洋环境治理问题[J]. 清华法治论衡 (1):368-381.

马艳霞,2015. 浙江“一打三整治”经验[N]. 中国渔业报,2015-04-27 (A02).

毛昕，2013．失海渔民社会保障政策分析——以青岛市黄岛区为例[D]．青岛：中国海洋大学．

孟全，2009．浙江普陀捕捞业调整优化研究[J]．中国渔业经济（2）：110-116．

闵建，2009．关于建立失海渔民保障机制的探讨[J]．海洋开发与管理（4）：64-67．

慕永通，2005．我国海洋捕捞业的困境与出路[J]．中国海洋大学学报（社会科学版）（2）：1-5．

宁波市发展和改革委员会，2011．宁波市海洋经济发展规划公告[EB/OL]（2011-04-01）[2017-04-11]．https://wenku. baidu. com/view/aa5888f74431b90d6d85c72d. html

宁波市海洋与渔业局课题组，2011．宁波市海洋牧场建设思路及对策研究[J]．经济丛刊（1）：54-57．

宁波市人民政府法制办公室，2016．宁波市海洋生态环境治理修复若干规定[N]．宁波日报，2016-07-06（5）．

宁波专员办，2015．渔业油价补贴亟待修改完善[N]．中国财经报，2015-05-26（8）．

农晓丹，2010．宁波发展海洋高技术产业研究[J]．中国国情国力（3）：63-64．

农业部渔业局，2011．中国渔业统计年鉴2011[M]．北京：中国农业出版社．

农业部渔业渔政管理局，2015．2015中国渔业统计年鉴[M]．北京：中国农业出版社．

欧焕康，虞聪达，2011．渔船"双控"制度成效研究[J]．浙江海洋学院学报（5）：432-436．

潘静成，刘文华，2010．经济法[M]．北京：中国人民大学出版社．

朴英爱，2001．韩国渔业管理的现状与总允许渔获量制度的引进[J]．中国渔业经济（2）：42-43．

朴英爱，李相高，2000．中国渔业管理的效果分析与TAC制度[J]．中国渔业经济（1）：23-26．

日本律师协会，2011．日本环境诉讼典型案例与评析[M]．北京：中国政法大学出版社．

山东省海洋经济研究基地课题组．海上山东建设的重点突破和战略创新[N]. 中国社会科学院报,2008-9-16(007).

申伟,2011.可持续发展视角下的海洋捕捞法律制度研究[D]. 青岛:中国海洋大学.

石华中,2007.上海市渔民权益保护机制研究[D]. 上海:上海海洋大学.

税兵,2005. 论渔业权[J]. 现代法学(2):141.

宋光宝,2012. 长三角法学论坛——海洋法治:经济转型与社会管理创新[M]. 杭州:浙江大学出版社.

孙安然,2015. 调整油价补贴政策,促进渔业健康发展[N]. 中国海洋报,2015-07-13(2).

孙庚,赵树平,冯艳红,等,2011. RFID与J2EE技术在渔船管理系统中的应用研究[J]. 计算机与现代化(2):164-165.

孙吉亭,赵玉杰,2011. 我国海洋经济发展中的海陆统筹机制[J]. 广东社会科学(5):41-47.

孙吉亭. 基于借鉴日本经验的我国"海上粮仓"建设研究[J]. 东岳论丛,2015(4):81-87.

孙明钊,2005.山东主要出口水产品风险分析[D]. 青岛:中国海洋大学.

孙群力,2007. 山东海洋经济发展的思考与建议[J]. 宏观经济管理(4):59-60.

孙万通,孙万玲,2012. 舟山群岛新区港航物流发展新思路[J]. 中国港口(4):10-12.

孙运道,常志强,邢建芬,2012. 韩国海洋法律法规文件汇编[M]. 北京:海洋出版社.

唐先锋,2015."一打三整治"执法依据探究[J]. 浙江万里学院学报(6):5-13.

唐议,邹伟红,2010. 中国渔业资源养护与管理的法律制度评析[J]. 资源科学(1):33.

汪劲,2006. 中外环境印象评价制度比较研究[M]. 北京:北京大学出版社.

汪劲,2011. 环保法治三十年:我们成功了吗[M]. 北京:北京大学出版社.

王大鹏,陈琳琳,2015. 论海洋行政体制改革中海事与海警执法权责的划分[J]. 河北法学（8）：108-114.

王海峰，刘大海，姜军，2006. 对影响我国海洋捕捞业制度要素的实证分析[J]. 中国渔业经济（5）：24-28.

王建廷，窦黑铁，2007. 进一步完善我国的海洋和渔业法规[J]. 海洋开发与管理（5）：35-37.

王建友，2013. 以包容性增长理念构建渔民初级社会保障体系——基于渔民与农民比较视角[J]. 农业经济与管理（6）：88-95.

王利明，2007. 以《物权法》立法为契机进一步完善海域物权制度[J]. 海洋开发与管理（3）：17-18.

王利明，2008. 试论《物权法》中海域使用权的性质和特点[J]. 社会科学研究（4）：94-100.

王森，胡本强，辛万光，等，2006. 我国海洋环境污染的现状、成因与治理[J]. 中国海洋大学学报（社会科学版）（5）：1-6.

王萍，2015. 渔业柴油补贴将下调[N]. 温岭日报，2015-07-23（4）.

王琪，李杨，2007. 海洋环境管理中的信息不对称及应对措施[J]. 中国海洋大学学报（社会科学版）（5）：8-12.

王艳玲，王珊珊，郭丹华，2009. 基于海洋渔民风险承担状况的中国渔民社会保障措施[J]. 大连海事大学学报（社会科学版），8（5）：1-5.

王燕，2009. 封育模式对干旱区沙地植被恢复影响研究[D]. 兰州：甘肃农业大学.

王芸，慕永通，2007. 美国白令海渔业社区发展配额及启示[J]. 中国渔业经济（5）：50-53.

王振清，2008. 海洋行政执法研究[M]. 北京：海洋出版社.

王志明，2003. 论涉嫌构成犯罪的渔业违法行为的认定及处理[J]. 北京水产（6）：57-59.

王自堃. 浙江"两会"：发展海洋经济修复振兴渔场[N]. 中国海洋报，2017-01-24（002）.

魏琦，侯向阳，2015. 建立中国草原生态补偿长效机制的思考[J]. 中国农业科学，48（18）：3719-3726.

吴军杰，2015. 浙江台州五字方针推进渔政执法工作顺利开展[J]. 中国水产（2）：27-28.

吴军杰，应鄂萍，2010. 渔政执法机构移送涉嫌渔业犯罪案件机制的探索[J]. 中国水产（9）：31-32.

吴艳芳，2011.我国海洋渔业政策转移的目标和途径研究[D]. 青岛：中国海洋大学.

吴振宇，2015. 想吃正宗的大黄鱼越来越难 浙江产量 50 年减 16 万吨[N/OL]. http://zjnews.zjol.com.cn/system/2015/03/09/020543506.shtml.

吴志敏，2013. 风险社会语境下的海洋环境突发事件协同治理[J]. 甘肃社会科学（2）：229-232.

武智，2013. 党的十八大报告蕴含的民生思想溯源与解读[J]. 盐城师范学院学报(人文社会科学版)，33(1)：12-16.

谢营梁，徐吟梅，李励年，2005. 关于韩国渔业管理体系的探讨[J]. 现代渔业信息（9）：9-10.

忻佩忠，2006.沿海捕捞渔民转产转业的实证分析与政策研究[D]. 杭州：浙江大学.

徐开达，2015. 基于生态系统的浙江渔场管理研究[J]. 浙江海洋学院学报(自然科学版)（9）：470-473.

徐连军，2013.关于渔业权主体的研究[D]. 浙江海洋大学.

徐连章，高强，史磊，2008. 渔业企业多元化经营问题刍议[J]. 中国渔业经济，26(2)：53-57.

徐培琦，2012.渔业权视角下舟山沿岸渔场管理改革研究[D]. 舟山：浙江海洋大学.

徐祥民，梅宏，时军，2009. 中国海域有偿使用制度研究[M]. 北京：中国环境科学出版社.

徐晓林，田穗生，2004. 行政学原理[M]. 武汉：华中科技大学出版社.

徐元凯等，2016. 浙江省"一打三整治"渔业政策实施情况调查与研究[J]. 农村经济与科技（21）：83-86.

许浩，2007. 试论广东"三无"渔船的综合管理——基于湛江市的实证调查[A]. //中国海洋学会学术年会.中国海洋学会 2007 年学术年会论文集(上册)[C]. 北京：海洋出版社.

薛学坤，杨波，2010. 发挥海洋渔业安全信息救助指挥系统作用服务渔业安全生产管理工作[J]. 中国水产（9）：28-29.

阎铁毅，孙坤，2011. 论中国海洋行政执法主体[J]. 大连海事大学学报(社会科学版)（1）：9.

杨晨星，2011.中国小型渔业及其管理研究初探[D]. 青岛：中国海洋大学.

杨晨星，朱玉贵，万荣，等，2011. 渔民合作组织在小型渔业管理中的应用[J]. 中国渔业经济（2）：63-68.

杨崇领，王兰，2006. 非法捕捞水产品罪中"情节严重"规定亟待明确[J]. 人民检察（8）：57-58.

杨建毅，2004. 浙江省海洋捕捞渔业可持续发展状况分析[J]. 上海海洋大学学报，13（2）：140-145.

杨娟等，2012. 社会工作介入失海渔民社会保障问题探讨[J]. 长春理工大学学报（社会科学版）（11）：74-76.

杨立敏，潘克厚，2005. 渔民合作组织——渔业经济可持续发展的重要载体[J]. 中国渔业经济（1）：31-33.

杨宁生，2001. 论我国渔业可持续发展的主要问题及对策（下）[J]. 科学养鱼（10）：11-12.

杨培举，2006. 渔船管理期待突围[J]. 中国船检（4）：20-24.

杨紫烜. 经济法[M]. 北京：北京大学出版社，2008.

杨正勇，2006. 我国海洋渔业资源管理中个体可转让配额制度交易成本的影响因素分析[J]. 海洋开发与管理（6）：150-153.

杨治坤，2013 生态文明建设与我国海洋环境资源法完善[J]. 商情（14）：243-245.

叶慧，2015. "一打三整治"重振东海"粮仓"——决胜大渔场——浙江渔场修复振兴暨"一打三整治"行动综述[J]. 今日浙江（20）：16-19.

叶俊荣，2003. 环境政策与法律[M]. 北京：中国政法大学出版社.

佚名，2014. 浙江鼓励渔民减船转产，加大违规捕捞打击力度[N/OL].（2014-12-29）[2017-04-11]. http://www. wlgy. gov. cn/xyxh/zcfg_932/201501/t20150106_158907. shtml.

佚名，2015. 切实维护海域使用权人的权利[N/OL].（2015-01-30）[2017-04-11]. http://www. oeofo. com/news/201501/30/list99119. html

殷克东等，2012. 中国海洋经济发展报告[M]. 北京：社会科学文献出版社.

尹田，2005. 海域物权的法律思考[J]. 河南省政法管理干部学院学报（1）：129-131.

余远安，2009. 我国渔船"双控"制度完善对策初探[J]. 中国水产（12）：29-30.

余妙宏，2015. 浙江省"一打三整治"长效机制研究——以减船转产为发展路径[J]. 浙江万里学院学报（9）：5-8.

余勤，2015. 开启浙江渔场修复振兴新篇章[N]. 浙江日报，2015-06-19(1).

俞红霞，周元刚，王泽亮，2015. 2014年省委省政府重要工作纪事[J]. 今日浙江（3）：56-61.

俞锡堂，2003. 对渔民转产转业问题的几点看法和建议[J]. 浙江渔业（5）：6-12.

俞芝兰，2012. 三无船舶整治的法律思考[J]. 中国水运（下半月）（4）：66.

乐家华，2011. 浙江省渔业发展现状、问题与方向[J]. 黑龙江农业科学（12）：73-38.

乐家华，2014. 日本渔业柴油补贴的成效，措施及启示[J]. 世界农业（9）：44-47.

曾梦岚，2016. 渔民社会保障制度研究综述[J]. 社会福利（理论版），2016(2)：59-62.

张桂红，2007. 中国海洋能源安全与多边国际合作的法律途径探析[J]. 法学（8）：85-91.

张宏声，2004. 海域使用管理指南[M]. 北京：海洋出版社.

张慧英，2011. 宁波象山县大力提升传统水产养殖业[N/OL]. (2011-01-21) [2017-04-11]. http://nb.people.com.cn/GB/13786577.html.

张继平，熊敏思，顾湘，2012. 中日海洋环境陆源污染治理的政策执行比较及启示[J]. 中国行政管理（6）：45-48.

张继平，熊敏思，顾湘，2013. 中澳海洋环境陆源污染治理的政策执行比较[J]. 上海行政学院学报（3）：64-69.

张江海，2016. 整体性治理视域下海洋生态环境治理体制优化研究[J]. 中共福建省委党校学报（2）：58-64.

张培坚，2015. 人工鱼礁投放[J]. 宁波通讯（14）：36-36.

张鹏刚，崔峻，荣伟，2004. 大连海洋捕捞渔民转产减船工作与思考[J]. 水产科学，23(12)：34-35.

张士锋，2010. 加快推进宁波海洋渔业转型发展[J]. 宁波经济：三江论坛（12）：15-17.

张双双，2012. 海洋渔民群体分层研究——对长岛县北长山乡和砣矶镇的调查[D]. 青岛：中国海洋大学.

张伟，2007．浙江海洋文化与经济[M]．北京：海洋出版社．

张卫，2016．加强幼鱼保护和伏期监管　实现渔场的修复与振兴[J]．中国食品（17）：108-109．

张延，2012．打造国际强港：宁波发展海洋经济的一项重要举措[J]．政策瞭望（4）：35-37．

张耀光，崔立军，2001．辽宁区域海洋经济布局机理与可持续发展研究[J]．地理研究（3）：338-346．

张耀光，刘锴，王圣云，2006．关于我国海洋经济地域系统时空特征研究[J]．地理科学进展（5）：47-57．

张耀光等，2005．中国海洋经济省际空间差异与海洋经济强省建设[J]．地理研究（1）：46-56．

张一，2014．我国失海渔民社会保障研究综述及展望[A]．中国海洋社会科学研究[C]，社会科学文献出版社，2014．

赵淑江，2015．舟山渔场的过去、现在与未来[J]．海洋开发与管理，32（2）：44-48．

赵万忠，2008．论我国渔业权的立法完善[J]．广东海洋大学学报，28（2）：1-5．

赵志燕，2015．生态文明视域下海洋环境治理模式变革研究[D]．中国海洋大学．

赵宗金，2012．从环境公民到海洋公民——海洋环境保护的个体责任研究[J]．南京工业大学学报（社会科学版）（2）：18-22．

浙江省海洋与渔业局，2003．海洋捕捞渔民转产转业工作对策研究[A]．//农业部渔业局．2003年全国渔业经济政策调研文集（一）[C]．北京：中国农业出版社．

浙江省海洋与渔业局，2014．舟山市人力资源和社会保障局　舟山市海洋与渔业局舟山市财政局关于原集体捕捞及相关作业渔民发放生活补贴的指导意见[EB/OL]．（2014-12-11）[2017-04-11]．http：//www.zssbj.gov.cn/art.aspx？aid＝6487．

浙江省海洋与渔业局，2014．为再现东海鱼仓辉煌——浙江省渔场修复振兴计划取得阶段性成果[N]．中国渔业报，2014-12-15（A01）．

浙江省海洋与渔业局，2015．浙江省召开"一打三整治"现场推进会[J]．中国水产（1）：7．

浙江省海洋与渔业局，2015．为再现东海鱼仓辉煌，浙江省实施渔场修复振兴计划[J]. 中国水产 (1)：8-10.

浙江省海洋与渔业局.2015 省海洋与渔业局简报暨渔场修复振兴专刊[EB/OL]. http://hyj. zj. gov. cn/fjxy/qktb/.

浙江省舟山市编办,2016. 舟山群岛新区海洋行政执法体制现状、问题及建议[J]. 机构与行政,2016 (7)：42-44.

郑江鹏，石桂华，宋伟华，等，2015. 关于渔船柴油补贴政策实行现状的调查研究——基于舟山市的调查[J]. 管理观察 (3)：39-41.

郑庆杰，2011. 失海渔民多元社会支持系统分析——以山东渤海沿岸四渔村为例[J]. 中国渔业经济 (1)：117-123.

周达军，崔旺来，2011. 浙江海洋产业发展研究[M]. 北京：海洋出版社.

周皓明，谢营梁，2005. 挪威渔业管理制度和运行体系[J]. 现代渔业信息 (11)：13-16.

周立波，2008. 浅论海洋行政执法协调机制若干问题[J]. 河北渔业 (1)：50.

朱斌斌，虞起正，2014. 舟山市整治船证不符出新规[N/OL]. (2014-11-11) [2017-04-11]. http://zj. people. com. cn/n/2014/1111/c186957-22871591. html

朱德坤，1988. 浙江近海渔场渔况与海况的相关分析[J]. 海洋预报 (11)：31-34.

朱光耀，2008. 清理、取缔沿海地区"三无"船舶难的问题探讨[J]. 海洋开发与管理 (2)：50.

朱浩祯，2013.中国海洋渔业资源管理的困境与突围[D]. 南京：南京大学.

朱晖，裴兆斌，2015. 辽宁省渔船管理立法对策研究[J]. 海洋开发与管理 (4)：59-65.

朱坚真，师银燕，乔俊果，等，2007. 环北部湾海洋经济增长与主导产业选择初探[J]. 经济研究参考 (40)：21-37.

朱健，2010.渔船动态监管信息系统在渔业管理中的应用研究[D]. 广州：华南理工大学.

朱婧，2012.我国渔业补贴政策改革探析[D]. 舟山：浙江海洋大学.

朱玉贵，万荣，慕永通，2007. 捕捞能力调控的传统方法与替代方案[J]. 中国渔业经济 (5)：21-24.

祝梅，卢艳，2014. 我省开展"一打三整治"行动守护"海上粮仓"[N].

浙江日报，2014-08-05(10).

庄孔造，余兴光，朱嘉，2010. 国内外海岛生态修复研究综述及启示[J]. 海洋开发与管理，27(11)：29-35.

邹吉新，刘雨新，孙利元，等，2015. 加快近海生物资源修复和生态环境修复确保海洋渔业持续健康发展[J]. 齐鲁渔业（9）：51-52.

邹建伟，林蒋进，慕永通，2007. 广西北海海洋捕捞业减船转产工作的回顾和思考[J]. 中国渔业经济（6）：61-64.

附　录

一、与浙江渔场修复相关的国家级法律法规

关于清理、取缔"三无"船舶的通告(国函〔1994〕111 号文)

渔业捕捞许可管理规定(中华人民共和国农业部令第 19 号)

中华人民共和国渔业法

中华人民共和国渔业法实施细则

中华人民共和国渔业港航监督行政处罚规定

中华人民共和国渔业船舶检验条例(国务院令第 383 号)

二、与浙江渔场修复相关的省级政策文件

浙江省渔港渔业船舶管理条例

浙江省渔业捕捞许可办法(浙江省人民政府令第 257 号)

浙江渔场修复振兴暨"一打三整治"专项行动中执法办案工作若干问题的指导意见

关于印发《关于严厉打击扰乱渔场秩序 破坏海洋环境违法行为的通告》的通知

致全省"三无"渔船船主的公开信

关于印发《浙江省涉渔"三无"船舶处置(拆解)工作规程(暂行)》的通知

关于做好浙江省涉渔"三无"船舶调查登记和信息报送工作的通知

浙江省海洋与渔业局关于对违法违规渔船扣减渔业油价补助实行通报制度的通知

浙江省海洋与渔业局关于加强刺网、拖虾和笼壶渔船开捕管理的紧急通知

关于印发《浙江渔场修复振兴目标责任考核办法(试行)》的通知

关于实施浙江渔场修复振兴暨"一打三整治"工作进展情况统计及通报制度的通知

索　引

后　记

　　本著作是浙江万里学院承担的 2015 年宁波市海洋经济发展研究基地课题"浙江渔场修复问题研究"主要研究成果,同时也是浙江省"临港现代服务业与创意文化研究中心"重点研究基地研究成果。

　　课题研究过程中,我们得到了众多领导和专家的热心指导和无私帮助。宁波市社科院王海娟院长、科研处方东华处长、经济研究所所长宋炳林自课题立项开始,自始至终关注着课题的进展,在课题的研究过程中给了多次指导;宁波市社科院的顾烨、王仕龙老师等也给予了课题组诸多建议和帮助。在此,衷心感谢宁波市社科院领导的信任和关心!

　　在本课题进展过程中,还得到了浙江万里学院校长应敏教授,副校长、"海洋经济发展研究基地"主任闫国庆教授,校长助理、科技部部长林志华研究员,商学院院长孟祥霞教授,商学院副院长孙琪副教授的鼎力支持,在此一并表示感谢! 此外,还要诚挚感谢浙江大学出版社的吴伟伟女士等人精心的编辑工作,她们精心为本著作进行了设计,为本著作的出版付出了大量的时间和精力。

　　本著作各章的编写情况如下:刘春香主要负责第一章、第二章、第三章的编写工作,修订增补了第四章的内容,撰写了后记,此外还负责全书的审稿和修订工作;高巧依老师主要负责第四章的编写工作;唐先锋老师主要负责第五章的编写工作;余妙宏老师主要负责第六章的编写工作;龙筱刚老师主要负责第七章的编写工作;梁亮老师主要负责第八章的编写工作;金文姬老师主要负责第九章的编写工作。

　　当然,由于时间关系,而且本研究主题较新,因此本著作还存在有待改进的地方,例如,对浙江渔场修复的长效机制建设方案尚为粗浅,提出的具体政策建议的可操作性还有待于实践检验,这些都需要进一步研究和探索。

最后,衷心地祝福整个研究团队,感谢大家的精诚合作,祝愿大家健康、快乐!

作者

2017 年 4 月于浙江宁波

图书在版编目(CIP)数据

浙江渔场修复问题研究 / 刘春香等著.—杭州：
浙江大学出版社，2017.12
ISBN 978-7-308-17420-6

Ⅰ.①浙… Ⅱ.①刘… Ⅲ.①渔场－修复－研究
－浙江 Ⅳ.①S931.41

中国版本图书馆 CIP 数据核字(2017)第 226659 号

浙江渔场修复问题研究

刘春香 等著

丛书策划	吴伟伟 weiweiwu@zju.edu.cn
责任编辑	杨利军
文字编辑	魏钊凌
责任校对	沈巧华　夏湘娣
封面设计	春天书装
出版发行	浙江大学出版社
	（杭州市天目山路 148 号　邮政编码 310007）
	（网址：http://www.zjupress.com）
排　　版	浙江时代出版服务有限公司
印　　刷	浙江省良渚印刷厂
开　　本	710mm×1000mm　1/16
印　　张	13
字　　数	215 千
版 印 次	2017 年 12 月第 1 版　2017 年 12 月第 1 次印刷
书　　号	ISBN 978-7-308-17420-6
定　　价	40.00 元